Fachwissen Logistik

Reihe herausgegeben von
K. Furmans
Karlsruhe, Deutschland

C. Kilger
Saarbrücken, Deutschland

H. Tempelmeier
Köln, Deutschland

M. ten Hompel
Dortmund, Deutschland

T. Schmidt
Dresden, Deutschland

Weitere Bände in der Reihe http://www.springer.com/series/16010

Thorsten Schmidt
Hrsg.

Innerbetriebliche Logistik

 Springer Vieweg

Hrsg.
Thorsten Schmidt
Institut für Technische Logistik und
Arbeitssysteme
Technische Universität Dresden
Dresden
Deutschland

Fachwissen Logistik
ISBN 978-3-662-57929-9   ISBN 978-3-662-57930-5 (eBook)
https://doi.org/10.1007/978-3-662-57930-5

Die Deutsche Nationalbibliothek verzeichnet diese Publikation in der Deutschen Nationalbibliografie; detaillierte bibliografische Daten sind im Internet über http://dnb.d-nb.de abrufbar.

Springer Vieweg

Springer Vieweg ist ein Imprint der eingetragenen Gesellschaft Springer-Verlag GmbH, DE und ist ein Teil von Springer Nature.
Die Anschrift der Gesellschaft ist: Heidelberger Platz 3, 14197 Berlin, Germany

Inhaltsverzeichnis

Systemtechnik für die Stückgutförderung

1

Roland Aßmann

In Abgrenzung zur Verkehrstechnik bezieht sich der Begriff *Fördertechnik* im Wesentlichen auf den innerbetrieblichen Transport sowie den Warenumschlag in Häfen, auf Flughäfen, auf Bahnhöfen und in Lägern. Angepasst an die jeweilige Förderaufgabe kommen immer häufiger modulare Systembaukästen zum Einsatz, um Planung, Montage, Inbetriebnahme und Instandhaltung der Förderanlagen zu vereinfachen.

Die Beschreibung einer fördertechnischen Aufgabe kann immer durch eine Aufteilung in die zu bewältigenden *Förderstrecken*, in die zu bewegenden *Fördergüter* sowie in die notwendigen *Fördermittel* erfolgen. Unter dem Oberbegriff Fördermittel sind die in der Fördertechnik eingesetzten Geräte und Hilfsmittel zusammengefasst. Da sich nicht jedes Fördermittel im Rahmen einer Förderaufgabe für jedes Fördergut unter Berücksichtigung von Beschaffenheit, Menge und Zeit gleichermaßen eignet und auch nicht jede Förderstrecke von jedem Fördermittel realisiert werden kann, kommt der Auswahl des Fördermittels bzw. des Systembaukastens bei der Lösung einer Förderaufgabe eine zentrale Bedeutung zu (s. Abb. 1.1).

Fördergüter werden nach ihrer physikalischen Beschaffenheit unterteilt in *Schüttgüter* (z. B. Getreide, Kohle, Erze, Sand) und *Stückgüter* (z. B. Schachteln, Kisten, Container). Sehr oft werden Stückgüter auf bzw. in sogenannten *Ladehilfsmitteln* (z. B. Paletten, Gitterboxen) zusammengefasst. Nachfolgend werden ausschließlich Stückgutförderer betrachtet, wobei darauf hingewiesen wird, dass auch in Gebinde (z. B. Flüssigkeitscontainer nach [VDI 2383]) abgefüllte Schüttgüter und Flüssigkeiten mit Hilfe von Stückgutförderern transportiert werden.

R. Aßmann (✉)
ibasco GmbH, Friedrich-Ebert-Ring 16 D-63654 Büdingen, Deutschland
e-mail: roland.assmann@ibasco.de

© Springer-Verlag GmbH Deutschland, ein Teil von Springer Nature 2019
T. Schmidt (Hrsg.), *Innerbetriebliche Logistik*, Fachwissen Logistik,
https://doi.org/10.1007/978-3-662-57930-5_1

Abb. 1.1 Abhängigkeiten zwischen Fördergut, Förderstrecke und Fördermittel

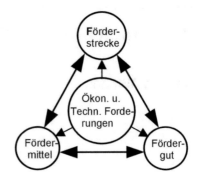

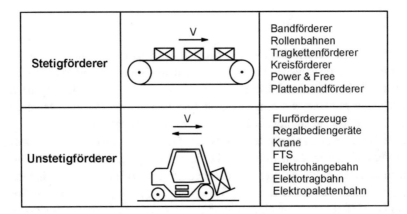

Abb. 1.2 Einteilung von Fördermitteln nach der Stetigkeit des Fördervorgangs

Die Förderstrecke kann eine ein-, zwei- oder dreidimensionale Bewegung des Fördergutes erfordern, wobei das *Lastaufnahmemittel* linienförmige, flächige oder räumliche Bewegungen ausführen kann. Zusätzlich können Förderer mit diskreten Aufnahme- und Abgabepunkten und Förderer mit innerhalb des Arbeitsbereiches beliebigen Aufnahme- und Abgabepunkten unterschieden werden.

Ein wesentliches Kriterium zur Einteilung der Fördermittel stellt die Stetigkeit des Fördervorgangs dar. Es können Förderer mit stetigen, quasistetigen (pulsierenden) und unstetigen Förderprozessen unterschieden werden.

Stetige Stückgutförderer zeichnen sich durch eine kontinuierliche, quasistetige durch eine periodische Förderbewegung aus, wobei die Förderrichtung stets beibehalten wird. Kennzeichnend für stetige und quasistetige Stückgutförderer ist die Möglichkeit, mehrere Stückgüter in einem vorgegebenen oder zufälligen Abstand zu transportieren, ohne dass das Lastaufnahmemittel zwischen zwei Stückgütern gegen die Förderrichtung wieder in die Ausgangsposition zurückkehren muss. Dadurch sind gegenüber *Unstetigförderern* trotz i. Allg. deutlich niedrigeren Fördergeschwindigkeiten meist weit höhere *Durchsätze* zu erzielen. Im Folgenden werden stetige und quasistetige Förderer neutral als *Stetigförderer* angesprochen und somit hinsichtlich der Begriffsbestimmung nicht weiter unterschieden (s. Abb. 1.2).

1.1   Aufgaben für Stückgutförderer

Neben dem *Fördern*, das im Sinne des Materialflusses dem Transport von Fördergütern zwischen einer *Quelle* und einer *Senke* entspricht, kommen Stückgutförderern die Aufgaben (s. Abb. 1.3):

- Zusammenführen,
- Stauen bzw. Puffern,
- Vereinzeln und
- Verteilen

zu. Weiterhin sind Fördersysteme zur Stückgutförderung in vielen *Bedienprozessen*, z. B. zur Unterstützung von Fertigungs- oder Montagevorgängen, anzutreffen.

Das *Stauen* von Fördergütern kann aus verschiedenen Gründen erforderlich werden. So werden *Stauförderer* eingesetzt, um Fördergüter für einen nachfolgenden Förder- oder Arbeitsprozess zu sammeln oder um als *Puffer* zu wirken, der (Förder-) Vorgänge entkoppelt. Dadurch kann erreicht werden, dass nicht jede kurz andauernde Störung eine komplette Anlage blockiert, weil alle vor- und/oder nachgeschalteten Förder-, Fertigungs- und Montageprozesse sofort gestoppt werden müssen.

Ein *Vereinzeln* wird immer dann erforderlich, wenn auf Fördergüter in nachfolgenden Prozessen als individuelle Einheit zugegriffen werden soll, z. B. wenn Pakete bei unterschiedlichen Zielvorgaben an einer Verzweigung in verschiedene Richtungen weitergefördert werden sollen. Folgen hier mehrere Pakete ohne erkennbare Lücke aufeinander, würde eine Lichtschranke lediglich den Anfang des ersten und das Ende des letzten Paketes detektieren. Folglich werden die betreffenden Pakete die Verzweigung in eine Richtung passieren.

Das *Zusammenführen* von zwei oder mehr Fördersträngen stellt insbesondere bei hohen Fördergeschwindigkeiten und Durchsätzen gesteigerte Anforderungen an die Synchronisierung der zusammengeführten Förderer, wobei stets eine ausreichende Lücke gewährleistet sein muss. Dagegen müssen beim Verteilen die einzelnen Fördereinheiten in der Regel während der Förderbewegung identifiziert oder einer Wegverfolgung unterworfen

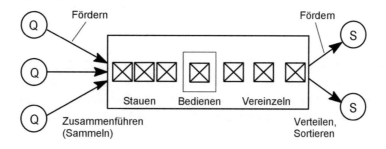

Abb. 1.3 Materialflusstechnische Aufgaben von Stückgutfördern

werden. Der Übergang von einem Verteilprozess hin zu einem Sortiervorgang (s. Kap. 6) ist fließend. Während bei einem *Sorter* eine Verteilung auf eine meist zwei- oder dreistellige Anzahl von Zielstellen erfolgt, beschränken sich die in diesem Kapitel angesprochenen Verteiler auf einige wenige, oft auch nur auf zwei weiterführende Förderstrecken oder Zielstellen.

Eine weitere, in der Praxis sehr bedeutende Unterscheidung wird zwischen „leichten" und „schweren" Stückgutförderersystemen vorgenommen. Eine weit verbreitete Definition leichter Stückgüter stellt die Begrenzung auf die Masse von maximal 50 kg pro Fördereinheit und oft 100 kg pro m Förderstrecke dar [Axm93]. Bis zu diesem (Gewichts-) Limit sind manuelle Eingriffe in den Förderablauf, z. B. an einer Aufgabestelle oder zur Störungsbeseitigung typisch. Schwere Stückgutförderer setzen oberhalb des genannten Limits ein, wobei 500 kg, 1000 kg und 1500 kg gebräuchliche, meist standardisierte Traglastklassen für Stetigförderer darstellen. Der Aufbau und der Funktionsablauf leichter und schwerer Stückgutfördersysteme unterscheidet sich deutlich, auch wenn teilweise der gleiche Typus von Förderern, z. B. Rollenbahnen, eingesetzt werden. Deshalb werden beide Traglastklassen nachfolgend getrennt behandelt.

1.2   Durchsatz von Stückgutförderern

Eine wichtige Angabe bei der Beschreibung von Fördervorgängen ist die pro Zeiteinheit bewegte Menge an Fördergut. Aufgrund der stark schwankenden Dichte von Stückgütern (vgl. leere Schachtel – beladene Schachtel) stellt der Massenstrom keine aussagekräftige Größe für die Vorgabe der zu fördernden Mengen bzw. für die Angabe der Leistungsfähigkeit von Stückgutförderern dar. Besser geeignet und deshalb üblich ist die Angabe der pro Zeiteinheit ZE geförderten Ladeeinheiten, dem sog. *Durchsatz* λ [1/ZE]. Wird ein vernetztes Materialflusssystem in einzelne Förderstrecken zerlegt (s. Abb. 1.4), wobei imaginär jeweils eine *Quelle* Q und eine *Senke* S den Anfang bzw. das Ende einer Förderstrecke markieren, ist es unerheblich, mit welchem Fördermittel die Ladeeinheiten bewegt werden. Einzig das Weg-Zeitverhalten der Fördereinheiten und daraus abgeleitet der Durchsatz beschreibt einen Fördervorgang im Sinne des Materialflusses.

Folgen mehrere Fördereinheiten der Länge s_0 im Abstand s (vgl. Abb. 1.4) und ist die Fördergeschwindigkeit v konstant, lässt sich der Durchsatz λ über die Gleichung

$$\lambda = \frac{v}{s} \tag{1.1}$$

berechnen. Die Voraussetzungen für Gl. (1.1) werden von Stetigförderern eher erfüllt als von Unstetigförderern. Bei letzteren lässt sich oft kein Abstand zwischen einzelnen Ladeeinheiten definieren bzw. nimmt ein Fördermittel, z. B. Gabelstapler, zu einem Zeitpunkt nur eine *Ladeeinheit* auf. Für Unstetigförderer kann der Durchsatz über die sog. *Spielzeit* t_s berechnet werden:

Abb. 1.4 Fördereinheiten (FE) auf einer Förderstrecke der Länge l [Arn02]

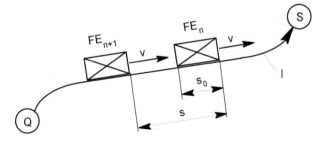

$$\lambda = \frac{1}{t_s} = \frac{1}{\sum\limits_{i=1}^{n} t_i} \tag{1.2}$$

Die Spielzeit t_s umfasst alle Zeiten zur Lastaufnahme, zur Beschleunigung, zur Förderung, zur Verzögerung, zur Lastabgabe und zur Rückkehr des leeren Lastaufnahmemittels zum Ausgangspunkt sowie evtl. Schalt- und Beruhigungszeiten. Die Spielzeit ist in der Regel stochastisch verteilt, kann bei getakteten Prozessen aber auch deterministisch oder sogar eingeprägt (vorgegeben) sein. Bei konstanter bzw. mittlerer Taktzeit T berechnet sich der Durchsatz zu $\lambda = 1/T$. Die Ermittlung des zeitlichen Abstandes zweier Ladeeinheiten, der sog. *Zwischenankunftszeit* sowie deren realen zeitlichen Verteilung f(t) ist bei stochastischen Prozessen in der Praxis oft aufwendig, stellt aber die Grundlage zur Abschätzung von erforderlichen Durchsätzen oder zur Festlegung der Anzahl der notwendigen Stauplätze dar (s. [Arn02]).

Dem erforderlichen bzw. vorhandenen Durchsatz für eine Förderaufgabe steht der technisch maximal erreichbare Durchsatz eines Fördermittels, üblicherweise als *Grenzdurchsatz* γ [1/ZE] bezeichnet, gegenüber. Per Definition ist der Durchsatz λ einer Förderanlage immer kleiner oder höchstens gleich dem Grenzdurchsatz γ. Der Auslastungsgrad ρ eines Fördermittels beschreibt das Verhältnis des Durchsatzes λ zum Grenzdurchsatz γ

$$\rho = \frac{\lambda}{\gamma} \leq 1 \tag{1.3}$$

und kann den Wert 1 nicht überschreiten.

Werden mehrere Förderströme 1 … n zusammengeführt, so summieren sich deren Durchsätze λ_a, λ_b, … λ_n zum Gesamtdurchsatz λ. Teilt sich eine Förderstrecke in mehrere Förderstrecken 1. … m auf, so bleibt der Gesamtdurchsatz erhalten. Für eine allgemeine Zusammenführung/Verzweigung (s. Abb. 1.5) gilt:

$$\sum_{j=1}^{m}\lambda_{1j} + \sum_{j=1}^{m}\lambda_{2j} + \dots + \sum_{j=1}^{m}\lambda_{ij} + \dots + \sum_{j=1}^{m}\lambda_{nj} = \lambda = \sum_{i=1}^{n}\lambda_{i1} + \sum_{i=1}^{n}\lambda_{i2} + \dots + \sum_{i=1}^{n}\lambda_{ij} + \dots + \sum_{i=1}^{n}\lambda_{im}$$

$$\tag{1.4}$$

Abb. 1.5 Zusammenführung von n Förderstrecken und Verzweigung auf m Förderstrecken

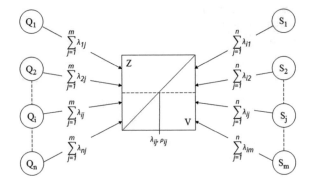

oder kürzer:

$$\sum_{i=1}^{n}\sum_{j=1}^{m}\lambda_{ij} = \lambda \tag{1.5}$$

Analog zur Gl. 1.3 gilt für die allgemeine Zusammenführung/Verzweigung, dass die Summe aller Quotienten aus Einzeldurchsätzen λ_{ij} und Einzel-Grenzdurchsätzen ρ_{ij} immer kleiner dem Wert 1 sein muss.

$$\sum_{i=a}^{n}\sum_{j=1}^{m}\frac{\lambda_{ij}}{\gamma_{ij}} + \sum_{i=a}^{n}\sum_{j=1}^{m}\nu_{ij}t_{S_{ij}} \leq 1 \tag{1.6}$$

Die zweite Doppelsumme berücksichtigt Zeit- bzw. Durchsatzverluste innerhalb des Zusammenführungs- und Verzweigungselements aufgrund von Schaltvorgängen, wobei das Produkt aus *Schaltfrequenz* ν_{ij} und *Schaltzeit* t_{s_ij} den anteiligen Zeitverlust aller Fördervorgänge von der Quelle i zur Senke j angibt.

1.3 Bodengebundene Fördersysteme für leichte Stückgüter

Stetigfördersysteme für leichte Stückgüter (s. Abb. 1.6) finden insbesondere bei Paketdiensten, bei der Post, im Versandhandel und bei vielen (manuellen) Kommissionieranlagen sowie in Vorzonen von automatisierten Kleinteile-Lägern (AKL) Anwendung. Neben einer Begrenzung auf 50 kg pro Fördereinheit ist eine Auslegung der Förderer auf standardisierte Abmessungen von L × B × H = 600 × 400 × 500 mm üblich, wenn Leistungsdaten wie Durchsatz, Ein- und Ausschleusraten etc. zu vergleichen sind.

Allgemein gilt, dass die erreichbaren Durchsätze mit kleineren Abmessungen zunehmen bzw. mit größeren Abmessungen abnehmen. Um eine Vergleichbarkeit der Angaben zu gewährleisten, beziehen sich alle genannten Daten auf diese genannten Standardabmessungen. Leichte Stückgutförderer werden in der Regel elektrisch angetrieben, wobei

Abb. 1.6 Förderanlage für leichte Stückgüter (Foto: psb intralogistics)

allerdings pneumatische Betätigungen für Bremsen und Sperren sowie Aus- und Einschleuselemente ebenfalls zur Anwendung kommen.

1.3.1 Rollen- und Röllchenförderer

Rollen- und Röllchenbahnen sind in der Stückgutfördertechnik die mit am häufigsten anzutreffenden Förderer. Herausragende Eigenschaften sind der einfache und robuste Aufbau, der geringe Energiebedarf und ein weites Spektrum an förderbaren Stückgütern hinsichtlich Gewicht, Beschaffenheit und Abmessungen. Allerdings müssen die Böden des Förderguts gewisse Mindeststandards erfüllen. Besonders geeignet sind Kisten, Schachteln, Behälter und sonstige Ladeeinheiten mit ebenen, festen Böden. Aber auch Fördergüter mit gewölbten und ausgebeulten Böden können transportiert werden. Problematisch sind Fördergüter mit sehr weichem Boden, z. B. Säcke. Ungeeignet sind dagegen Böden mit Stegen, die quer zur Förderrichtung verlaufen, Böden mit Mitnahmezapfen sowie Fördergüter mit Füßen geringer Ausdehnung. Eine weitere bedeutsame Restriktion ist die Mindestabmessung. Die Ausdehnung in Förderrichtung muss mindestens der dreifachen Rollenteilung entsprechen.

Nichtangetriebene Rollen- und Röllchenbahnen sind wegen ihres einfachen Aufbaus, der in der Regel nicht benötigten elektrischen Installation sowie der geringen Investitions- und Betriebskosten immer noch häufig anzutreffende Förderelemente. Der Antrieb der Fördereinheiten erfolgt entweder auf Gefällestrecken mit Hilfe der Schwerkraft oder aber manuell. Aufgrund ihres unsicheren Vortriebs sollte der Einsatz von nichtangetriebenen Rollen- und Röllchenbahnen innerhalb automatisierter Fördersysteme insbesondere dann vermieden werden, wenn Störungen im Förderfluss nachfolgende Prozesse beeinträchtigen können. Jedoch sind Anwendungen im Bereich von Aufgabe- und Zielstellen auch in größeren Anlagen durchaus üblich.

Problematisch ist bei Schwerkraftförderung die von Gewicht und Beschaffenheit des Förderguts abhängige Fördergeschwindigkeit (s. Abb. 1.7). Während bei einer bestimmten Neigung leichte Stückgüter mit weichem Boden sich evtl. nicht mehr vorwärts bewegen können, erreichen schwere Stückgüter mit hartem Boden evtl. eine hohe Fördergeschwindigkeit, die beim Aufprall auf gestaute Fördereinheiten zu Beschädigungen oder Zerstörungen führen kann. Schwerkraft-Rollenförderer werden deshalb oft mit Bremsrollen ausgestattet, die eine geschwindigkeitsabhängige Bremskraft entfalten und die Fördergeschwindigkeit begrenzen. Die damit realisierbaren steileren Neigungswinkel erhöhen durch eine geringere Neigung zu Störungen des Förderflusses die Zuverlässigkeit in automatischen Systemen.

Angetriebene Rollenbahnen weisen im Gegensatz zu nichtangetriebenen Rollen- und Röllchenförderern eine vorgegebene Geschwindigkeit auf. Konventionell erfolgt der Antrieb zentral für eine komplette Rollenbahn durch einen elektrischen Getriebemotor, wobei das Antriebsmoment über Flach- oder Zahnriemen auf die einzelnen Rollen übertragen wird (s. Abb. 1.6).

Mittlerweile haben auch Rollenbahnen auf Basis von Rollen mit integriertem 24 V-oder 48 V-Gleichstrommotor eine weite Verbreitung gefunden (s. Abb. 1.8), erreichen allerdings nur als bürstenlose Variante die Standzeit der meist als Drehstromasynchron-Getriebemotoren ausgeführten Zentralantriebe. Längere Rollenbahnen erfordern aufgrund der begrenzten Antriebsleistung (< 50 W/Antriebsrolle) mehrere dieser Antriebsrollen (s. Abb. 1.9) und eignen sich dadurch besonders für den Einsatz in staudrucklosen Rollenbahnen. Der Übertrieb zu den nicht direkt angetriebenen (Slave-)Rollen erfolgt meist über Rund- oder Keilrippenriemen. Vorteilhaft ist bei dieser mit Schutzkleinspannung operierenden Lösung,

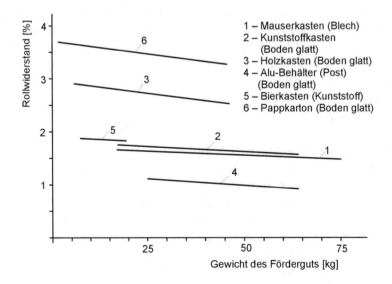

Abb. 1.7 Gemessener Rollwiderstand für verschiedene Behälterformen [Axm93]

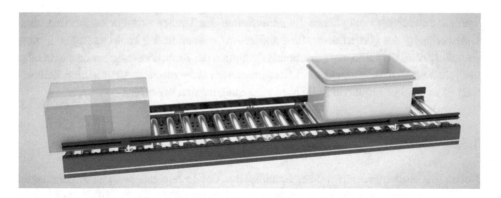

Abb. 1.8 Angetriebene Staurollenrollenbahnen für leichte Stückgüter mit dezentraler Antriebstechnik (Foto: Interroll)

Abb. 1.9 Rolle mit integriertem 24V-Antrieb im Schnitt (Foto: Interroll)

dass sich dezentrale Steuerungskonzepte relativ einfach realisieren lassen. Dies vereinfacht das Liefern komplett installierter und vorgetesteter Förderelemente auf die Baustelle. Ein weiterer Vorteil besteht darin, dass bei diesen Systemen in der Regel auf pneumatische Aktuatoren, z. B. für das Stauen, verzichtet werden kann, was hilft, die Betriebskosten durch verminderten Energiebedarf sowie die Geräuschemission zu reduzieren.

Die Fördergeschwindigkeit liegt in der Regel zwischen 0,1 und 1,0 m/s. Höhere Geschwindigkeiten führen neben einer höheren Beanspruchung des Förderguts zu Geräuschen, die aus arbeitsschutzrechtlichen Gründen oft nicht akzeptiert werden. Durch kunststoffbeschichtete Rollen oder Behälter kann in vielen Fällen das Geräuschniveau gesenkt werden. Die Vorteile angetriebener Rollenbahnen gegenüber anderen Fördersystemen, z. B. Band- oder Kettenförderer sind vielfältig. Der bei metallischen Rollen geringe Reibbeiwert zwischen Rolle und Fördergut lässt eine kraftsparende seitliche Aufgabe bzw. Entnahme von Paketen oder Behältern zu. Die Substitution einzelner Rollen durch Quer- oder Schrägtransfere ermöglicht einfache Ein- und Ausschleusvorgänge. Die Reduktion bzw. das temporäre Aufheben des Reibschlusses zwischen Kraftübertragungselement und Rolle bzw. der Antrieb über gesteuerte Motorrollen bilden die Basis vieler *Staufördersysteme*. Durch schräg angeordnete Rollen, sogenannten *Schrägrollenbahnen* können die Fördereinheiten einseitig ausgerichtet werden. Schließlich ermöglichen *konische Rollen* das Drehen von Fördereinheiten ohne Unterbrechung des Förderflusses. Eine andere Anwendung finden konische Rollen in *Rollenbahnkurven*, wo sie zu einer deutlichen Reduktion der Reibverluste beitragen. Nicht oder nur selten werden Steigstrecken mit Rollenförderern ausgerüstet, da der niedrige Reibbeiwert zwischen Fördergut und Rolle nur kleine Steigungswinkel zulässt.

1.3.2 Bandförderer

Neben den Rollenförderern bilden Bandförderer das in leichten Stückgutförderanlagen (s. Abb. 1.6) ein ebenfalls häufig eingesetztes Fördermittel. Ein für Stückgüter konzipierter Bandförderer hat außer dem Namen und der grundsätzlichen Funktionsweise nur wenig gemein mit den oft für kilometerlange Transporte eingesetzten Schüttgutförderern. So wird der *Gurt* meist auf einem ebenen Bett gleitend, selten rollend abgetragen und es werden i.d.R. Regel Gurte mit Textil- statt Stahleinlage eingesetzt.

Die Antriebsleistungen liegen mit maximal einigen Kilowatt um einige Größenordnungen unter denen großer Schüttgutförderer. Aufgrund der geringen Anzahl bewegter Teile sind Gurtförderer insbesondere bei langen Förderstrecken meist das günstigste Fördermittel. Zudem verfügen sie gegenüber Rollen- und Kettenförderern über einige nennenswerte Vorteile. Am bedeutsamsten ist das extrem breite Fördergutspektrum, das sich mit Hilfe von Bandförderern transportieren lässt. So werden auch sehr kleine Fördereinheiten bewegt, die bei Rollenförderern eine entsprechend kleine Rollenteilung erfordern würden. Hohe Fördergeschwindigkeiten bis zu 3 m/s erlauben sowohl kurze Transportzeiten als auch hohe Durchsätze. Der hohe Reibbeiwert zwischen Gurt und Fördergut ermöglicht neben Steigungsstrecken auch hohe Beschleunigungs- und Verzögerungswerte, weshalb Bandförderer oft in Zuführstrecken (Induction) von Sortieranlagen [VDI 2340] oder in Synchronisierungsstrecken vor Zusammenführungen eingesetzt werden. Das ebene Gleitbett verhindert die periodischen Anregungen von Schwingungen, wie dies beispielsweise wegen der Rollenteilung bei Rollenförderern auftreten kann. Damit wird die Geräuschbildung reduziert und das Fördergut geschont. Einfache Gurtförderer werden in der Regel mit *Kopfantriebsstationen* ausgestattet, d. h. die Antriebsstation befindet sich am Ende des Förderers. Muss der Förderer *reversierbar* sein oder bei langen Gurtförderern, bietet die mittige Anordnung der Antriebsstation im Untertrum Vorteile (s. Abb. 1.10).

Besonderes Augenmerk ist auf die *Gurtführung* zu richten, da nur ein sorgfältig geführter Gurt eine lange Lebensdauer erreicht. Bewährt haben sich zylinderförmige Antriebs- und Umlenktrommeln mit beidseitig leicht konischen Enden. Derartige Trommeln zentrieren den Gurt ähnlich zuverlässig wie leicht ballige Trommeln, sind aber kostengünstiger herzustellen. Die bei leichten Stückgutförderern zum Einsatz kommenden Gurte verfügen in der Regel nicht über eine Stahleinlage und sind somit den reinen Kunststoffgurten zuzurechnen. Als Zugeinlage kommen häufig Polyestergewebe zum Einsatz, die mit zwei unterschiedlichen Deckschichten versehen werden. Während die Unterseite

Abb. 1.10 Bandförderer **a** Kopfantrieb; **b** Mittentrieb

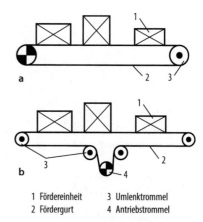

1 Fördereinheit   3 Umlenktrommel
2 Fördergurt   4 Antriebstrommel

einen geringen Reibbeiwert zwischen Gurt und Gleitbett gewährleisten soll, muss der Reibbeiwert auf der Oberseite höher sein, um eine sichere Mitnahme des Förderguts zu gewährleisten. Bei kippgefährdeten Fördergütern ist allerdings auch auf der Oberseite ein nicht zu hoher Reibbeiwert vorteilhafter.

Bei gleitender Abtragung des Gurtes liegt der Energieverbrauch deutlich über dem von Rollenförderern. Mittlerweile sind allerdings auch rollend abgetragene Gurtförderer verfügbar, die ebenfalls über eine gute Energieeffizienz verfügen.

1.3.3   Kunststoff-Gliederbandförderer

Fortschritte bei den zur Verfügung stehenden Kunststoffen sowie deren Verarbeitung haben den vergangen Jahren den verstärkten Einsatz sog. Kunststoff-Gliederbandförderer (s. Abb. 1.11) ermöglicht.

Kunststoff-Gliederbandförderer haben ähnliche Eigenschaften wie die Bandförderer, d. h. eine nahezu geschlossene Oberfläche, wodurch ein weites Spektrum an Fördergütern transportiert werden kann. Hinzu kommen die Möglichkeiten einer kurvengängigen Ausführung bis hin zu einer wendelartigen Fördergeometrie, die eine kostengünstige und platzsparende Überbrückung von Höhenunterschieden auch bei hohen Durchsätzen ermöglichen sowie die weitgehende Gestaltungsfreiheit der Kettenelemente. Dadurch können Mitnehmer ebenso integriert werden wie Tragrollen- und Führungsrollen oder unterschiedliche Materialpaarungen. Diese Gestaltungsfreiheit ermöglicht sogar die Integration kleiner Tragkügelchen in das Kunststoff-Gliederband. In Kombination mit querlaufendem Gurt oder einem Drehteller als Abtragung des Gliederbandes können entweder einfache Querumsetzungen, eine Rotation oder das seitliche Ausrichten des Fördergutes erfolgen.

Ein weiterer Vorteil insbesondere im Vergleich zu Gurtförderern liegt darin, dass bei Beschädigung einzelne Kettenglieder ausgetauscht werden können. Nachteilig im Vergleich

Abb. 1.11 Kunststoff-Gliederbandförderer (Foto: Denipro)

zu Gurtförderern ist das insbesondere bei höheren Geschwindigkeiten erheblich höhere Geräuschniveau. Aktuelle Entwicklungstendenzen sehen Dämpfungselemente im Bereich der Gelenke vor, wodurch die Geräuschemissionen erheblich reduziert werden können.

Kunststoff-Gliederbänder können sowohl gleitend als auch rollend abgetragen werden. Eine rollende Abtragung steigert sowohl die Energieeffizienz als auch die maximale Länge des Gliederbandes. Dadurch können Investitions- und Betriebskosten eingespart werden.

1.3.4 Tragkettenförderer

Tragkettenförderer auf Basis von Standard- oder Sonderrollenketten sind in leichten Stückgutförderanlagen seltener anzutreffen, da sie in der Regel einheitliche Abmessungen der Fördergüter voraussetzen und einen stabilen Boden erfordern. Für Anlagen, die für den Einsatz von *Ladehilfsmitteln*, z. B. Boxen oder Tablare konzipiert sind, sind sie jedoch gut geeignet. So sind sie u. a. in den Vorzonen von *Automatischen Kleinteile-Lägern (AKL)* und in *Montagefördersystemen* zu finden. Hier übernehmen sie oft unter Verwendung sog. Staurollenketten staudruckbehaftete Stau- und Pufferfunktionen. Aufbau und Funktionsweise von Tragkettenförderern sind einfach. Zwei oder mehr angetriebene Rollenketten werden auf je einer (Kunststoff-)Schiene abgetragen. Die Ladeeinheit selbst wird von den Kettenlaschen, bei Staurollenketten durch gleitgelagerte Röllchen aufgenommen. Die Gewichtskräfte des Förderguts werden so reibungs- und verschleißarm über die Rollen der Kette in die Tragschiene eingeleitet. Vorteilhafte Eigenschaften von Tragkettenförderern

sind der robuste Aufbau sowie die Unempfindlichkeit gegenüber verölten und stark ver-
schmutzten Fördergütern.

1.3.5   Elektrotragbahn

Die Elektrotragbahn (ETB) basiert auf der in Abschn. 1.5.4 beschriebenen Elektrohängebahn (EHB), erreicht aber nicht deren Verbreitung und Bekanntheit. Auf einer Laufschiene
rollen richtungsgebunden einzelne, weitgehend voneinander unabhängig operierende
Fahrzeuge. Neben Trag- und Führungsrollen verfügt jedes Fahrzeug über einen elektrischen Fahrantrieb, dessen Stromversorgung über Schleifleitungen erfolgt. Im Gegensatz
zu Elektrohängebahn-Fahrzeugen erfolgt die Lastaufnahme oberhalb der Laufschiene
auf einem der Anwendung angepassten Lastaufnahmemittel.

Tragbahnen werden in einem weiten Traglastbereich angeboten, von kleinen Lasten
im Bereich einiger weniger Kilogramm bis hin zu Traglasten von 500 kg und mehr
(Transportgut und Lastaufnahmemittel) für ein Fahrzeug bestehend aus einem angetriebenen Fahr- und einem nichtangetriebenen Laufwerk [VDI 4422]. Mit Kurvenelementen
kleiner Radien (1000 mm), Steigstrecken (bis 30°) und Dreh- bzw. Verschiebeweichen
können auch anspruchsvolle Streckenführungen realisiert werden. Die Auffahrsiche-
rung erfordert entweder eine Blockstreckensteuerung oder eine optische bzw. induktive
Abstandsensorik.

Der Einsatz der Elektrotragbahn (s. Abb. 1.12) bietet sich an, wenn bei kleinen Durchsätzen viele Auf- bzw. Abgabestellen bedient werden sollen, wobei für einige Anwendungen aktive Lastaufnahmemittel, z. B. Quergurtförderer oder Kippschale, eingesetzt werden
können. Die hierfür benötigten Antriebs- und Steuerungselemente können ebenso wie der
Fahrantrieb über die Schleifleitung versorgt werden. Weitere Vorteile liegen in der hohen
Fördergeschwindigkeit von bis zu 2 m/s bei gleichzeitig geringer Geräuschemission sowie
dem schonenden Transport für (stoß-) empfindliche Fördergüter.

Abb. 1.12 Elektrotragbahn
mit Kleinbehälter (Foto:
montratec)

1.3.6 Autonome schienengebundene Doppelspurfahrzeuge

Steigende Anforderungen an die Flexibilität hinsichtlich der Streckenführung und dem zu erwartendem Durchsatz sowie den Forderungen nach hoher Energieeffizienz bei niedrigen Geräuschemissionen führten zur Entwicklung *autonomer schienengebundener Doppelspurfahrzeuge*, neuerdings auch als ADTC (= Autonomous Double Track Carrier) bezeichnet.

Ähnlich der Elektro-Tragbahn- sowie der EHB-Systeme verfügen die Fahrzeuge (s. Abb. 1.13) über eigene Antriebe, eine eigene Fahrzeugelektrik inklusive mitfahrender Steuerung und Sensorik sowie i.d.R. bidirektionaler Kommunikationseinrichtungen. Die Energieversorgung der Fahrzeuge ermöglicht den Einsatz aktiver Lastaufnahmemittel, z. B. Quergurt-Förderer. In ausfahrbarer Ausführung oder mit Ziehtechnik ausgestattet, kann eine vollautomatische Abgabe bzw. Übernahme des Fördergutes ohne aktive stationäre Elemente erfolgen.

In Abgrenzung zu den Elektro-Tragbahn-Systemen, die mit einer Tragschiene ausgestattet sind, kommen Doppelspursysteme zum Einsatz. Dies ermöglicht es, in Abzweigungen und Zusammenführungen zwei durchgängige Führungselemente anzuordnen. Die autonomen Fahrzeuge können somit aktiv entscheiden, welcher Führungsbahn sie folgen, z. B. geradeaus weiterfahren oder abzweigen. Hierzu bringen Sie abhängig vom Richtungswunsch entweder die der linken oder die der rechten Tragschiene zugeordneten Führungsrollen in Eingriff. Bei dieser Variante werden keine aktiven Verzweigungselemente (Weichen) benötigt. Alternativ können aktive Weichen über entsprechende Kommunikationseinrichtungen durch das Fahrzeug selbst gesteuert werden. Hierzu meldet sich das Fahrzeug bei der Weiche an und gibt, seinem autonomen Charakter entsprechend und ohne die übergeordnete Leitsteuerung in Anspruch zu nehmen, die Fahrtrichtung vor.

Als Stromversorgung können sowohl klassische Schleifleitungssysteme, eine berührungslose Energieversorgung, als auch periodisch aufzuladende Energiespeicher, z. B. auf der Basis von Superkondensatoren (sog. Ultracaps), zum Einsatz kommen. Dies sind besonders leistungsfähige Kondensatoren, die sich in kurzer Zeit und mit hohen Ladeströmen aufladen lassen. Für lange Betriebsunterbrechungen, z. B. Werksferien, und für lange Distanzen ist i.d.R. ein Langzeitspeicher (Akkumulator) in das Energieversorgungssystem der Fahrzeuge integriert. Das Rückspeisen von Bremsenergie verlängert die Reichweite und Betriebszeit der Fahrzeuge ohne externe Energiezuführung weiter.

Abb. 1.13 Autonomes, schienengebundenes Fahrzeug (Foto: Servus)

Der Einsatz autonomer, schienengebundener Fahrzeuge bietet sich an, falls viele Auf- und Abgabestationen bei niedrigen bis mittleren Durchsätzen miteinander verbunden werden müssen. Aufgrund der hohen Flexibilität können sowohl Transport- als auch Montage-, Lager-, Puffer- und Sortierfunktionen von autonomen schienengebundenen Fahrzeugen übernommen werden.

1.3.7   Verteil- und Zusammenführungselemente für leichte Stückgutförderer

In automatisierten Fördersystemen bilden Anlagen, die das Fördergut lediglich von einer Aufgabe- hin zu einer Abgabestelle bewegen, die Ausnahme. In den weitaus meisten Anlagen ist der Materialfluss mehr oder weniger verzweigt. Neben häufig anzutreffenden manuellen Auf- und Abgabevorgängen, deren ergonomische Gestaltung eine besondere Bedeutung zukommt [VDI 3657], sind insbesondere für leichte Stückgutfördersysteme vielfältige Verteil- und Zusammenführungselemente verfügbar. Allerdings ist zu beachten, dass nicht alle Verteil- und Zusammenführungselemente mit jedem Fördermittel kompatibel sind.

Verzweigungs- und Zusammenführungselemente können entsprechend ihrer Materialflussfunktion [Arn95] in *stetige* (z. B. Verschiebeweichen), *teilstetige* (z. B. Drehtische und -scheiben, Parallelweichen), und *unstetig* arbeitende Systeme (z. B. Verfahrwagen mit einseitiger Lastaufnahme und -abgabe) unterschieden werden. Die für Verzweigungs- und Zusammenführungselemente wichtigste Kenngröße stellt die *Aus- bzw. Einschleusrate* dar. Die genannten Zahlen sind Erfahrungswerte, die u. a. auch von dem Fördergut selbst beeinflusst werden.

Quer-und Schrägtransfere werden häufig in Kombination mit Rollenförderern ausgeführt. Beim Quertransfer werden in zwei oder mehr Lücken zwischen Tragrollen Ketten-, oder (Zahn-)Riemenförderer angeordnet, die bei Bedarf über das Niveau der Rollen angehoben werden können. Bei Schrägtransferen werden die Tragrollen im Bereich der Transfere geteilt (s. Abb. 1.14).

Die Transfere werden elektromechanisch oder pneumatisch abgesenkt bzw. angehoben. Eine in der Regel opto-elektronische Sensorik steuert dabei ereignisorientiert die Hub- bzw. Senkbewegung. Die erreichbare Aus- bzw. Einschleusrate von Schrägtransferen liegt über der Ein- und Ausschleusrate von Quertransferen, da das Fördergut nicht rechtwinklig umgelenkt werden muss und so einen Teilimpuls in Förderrichtung beibehalten kann. 45°-Riemenschrägtransfere eignen sich für Durchsätze bis ca. 3000 FE/h, 45°-Kettenschrägtransfere bis ca. 2000 FE/h und rechtwinklige Kettentransfere bis ca. 1500 FE/h.

Pusher und *Puller*(zu deutsch: *Schieber* und *Zieher*). Ein formschlüssiges Abstreifelement greift die Fördereinheit an der Seitenfläche und schiebt oder zieht sie auf eine rechtwicklig

Abb. 1.14 Schrägtransfer
(Foto: Dematic)

angeschlossene Förderstrecke oder Rutsche (s. Abb. 1.15). Als Antrieb für Pusher und Puller kommen meist pneumatische Lineareinheiten, elektrisch angetriebene Kurbelmechanismen oder kettengetriebene Kämme zum Einsatz. Die formschlüssige Arbeitsweise muss je nach Einsatzfall als Vor- oder Nachteil bewertet werden. Einerseits ist die Ausschleusung unabhängig von Bodenbeschaffenheit und Reibbeiwerten stets gewährleistet, andererseits bedeutet es für das Fördergut eine vergleichsweise raue Behandlung, wodurch die Gefahr der Beschädigung oder Zerstörung besteht. Bei konstruktiv einfachen Ausführungen muss das Abstreifelement immer wieder in seine Ausgangsposition zurückkehren, weshalb die erreichbare Ausschleusrate von etwa 1000 bis 1200 FE/h relativ niedrig ist. Eine Erhöhung der Anzahl der Abstreifelemente, z. B. beim Kammpusher, lässt einen höheren Durchsatz von ca. 1600 FE/h zu. Eine weitere Erhöhung der Ausschleusrate ist mit rotierenden Pushern, die keine Rückführbewegung erfordern, möglich. Bei Geschwindigkeits- und Beschleunigungserhöhungen ist die steigende Beanspruchung des Fördergutes zu beachten. Es besteht allerdings auch die Möglichkeit, mit einer optischen Sensorik die Annäherung an die Fördereinheit zu erkennen und kurz vor dem Stoß die Geschwindigkeit zu reduzieren. Damit kann trotz einer Steigerung der Ausschleusrate die mechanische Beanspruchung des Fördergutes vermindert werden. Trotzdem ist gerade bei hohen Geschwindigkeiten und Ausschleusraten eine präzise Ausrichtung des Fördergutes zwingend erforderlich.

Dreh- und Schwenktische. Im Gegensatz zu schweren Stückgutförderern finden Dreh- und Schwenktische (s. Abb. 1.16) bei leichten Stückgutförderanlagen nur selten Anwendung. Die herausragende Eigenschaft von Drehtischen liegt in der Möglichkeit, mit einem Verteil- oder Zusammenführungselement vier und mehr Förderstrecken miteinander zu verbinden, wobei ein oder mehrere zuführende Förderstrecken ebenso realisierbar sind, wie ein oder mehrere abfördernde Strecken. Bei Vergrößerung des Drehtisch-Durchmessers kann eine höhere Anzahl von Förderstrecken angeschlossen werden, allerdings wird dadurch der erreichbare Durchsatz reduziert. Dreh- und Schwenktische sind meist mit Rollenbahnen oder Kettenförderern, seltener mit Bandförderern ausgerüstet. Die mit

Abb. 1.15 Pusher

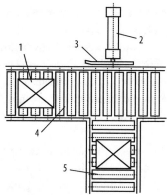

1 Fördereinheit
2 pneumatischer Betätigungszylinder
3 Abstreifelement
4 Rollenbahn (Hauptstrecke)
5 Rollenbahn (Nebenstrecke)

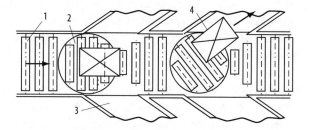

1 Rollenbahn
2 Schwenktisch
3 Ablaufrutsche
4 Fördergut

Abb. 1.16 Ausschleusung durch Schwenktische

Drehtischen erreichbare Ausschleusrate ist gering und liegt für die Standardabmessungen L × B × H = 600 mm × 400 mm × 500 mm und vier Abgängen bei ca. 1000 FE/h. Schwenktische lenken das Fördergut nur um ca. 30° um.

Dieser im Vergleich zu Drehtischen sehr viel kleinere Drehwinkel ermöglicht kürzere Umschaltzeiten, was sich positiv auf den maximal erreichbaren Durchsatz auswirkt, der bei modernen Konstruktionen bis zu 3600 FE/h betragen kann.

Pop-up-Rollenleisten werden sowohl als Ausschleuselemente als auch bei mehreren in Serie angeordneten Rollenleisten als sogenannter Pop-up-Sorter eingesetzt. Aufbau und Funktionsweise unterscheiden sich nicht, weshalb an dieser Stelle auf die Ausführungen in Kap. 6 verwiesen wird.

Schwenkrollenbahnen. Aufbau und Funktion von Schwenkrollenbahnen ähneln den Pop-up-Rollenleisten. Mehrere Reihen von über Rundriemen angetriebenen schwenkbaren Rollen können über Kulissen um einen vorgegebenen Winkel ein oder beidseitig geschwenkt werden. Um den notwendigen Abstand zwischen zwei Fördereinheiten nicht zu groß werden zu lassen, können mehrere Reihen zusammengefasst, getrennt von den restlichen Reihen geschwenkt werden. Schwenkrollenbahnen können universell als Zusammenführung, als Verteiler und als *Kreuzverteiler* eingesetzt werden. Zur Erhöhung des Reibbeiwertes sind die Rollen kunststoffbeschichtet. Im Gegensatz zu Pop-up-Rollen führen die Rollen von Schwenkrollenbahnen keinen Hub aus. Der Durchsatz von Schwenkrollenbahnen kann beim Einsatz als Verteil- oder Zusammenführungselement bis zu 5000 FE/h betragen.

Abweiser sind auch unter dem Begriff *Schwenkarmverteiler* bekannt. Der Schwenkarm (s. Abb. 1.17) wird, meist pneumatisch angetrieben, in eine Förderstrecke eingeschwenkt. Ist der Abweiser passiv, gleitet das Fördergut während der Ausschleusbewegung am Schwenkarm entlang. Die für die Ausschleusung des Förderguts notwendige Energie wird dem durchgängigen Hauptförderer entnommen und durch die Reibenergie zwischen Schwenkarm und Fördereinheit vermindert. Dies führt zu einer Begrenzung der Ausschleusrate. Eine deutlich höhere Ausschleusrate von bis zu 2500 LE/h erlauben aktive Abweiser, bei denen der Schwenkarm mit einem umlaufenden Zahnriemen, Keilriemen oder Gurtabweiser ausgestattet ist. Neben der höheren Ausschleusrate spricht die höhere Funktionssicherheit für aktive Abweiser. Bei passiven, d. h. nicht angetriebenen Abweisern besteht die Gefahr, dass einzelne Fördereinheiten nicht korrekt ausgeschleust werden und so eine Störung des automatisierten Materialflusses verursacht wird.

Rechenförmige Ein- und Ausschleuseinrichtungen. An den Übergabestellen wird das Fördergut mit Hilfe eines Rechens (s. Abb. 1.18) angehoben bzw. abgesenkt und von dem Rechen in Ein- und Ausschleusrichtung transportiert. Auf breiten Rollenbahnen kann das Fördergut mit dem Rechen auch ohne Anheben seitlich verschoben werden. Vorteile sind in der sicheren Aus- bzw. Einschleusung zu sehen. Nachteilig ist der geringe Durchsatz, der lediglich ca. 600 FE/h beträgt [VDI 2340].

Vertikalschwenkbänder. Sollen mehrere übereinander angeordnete Förderstrecken zusammengeführt oder von einer auf mehrere Förderstrecken verteilt werden, können die Förderstrecken mit Hilfe von Kurven und Steigstrecken auf eine Ebene geführt werden,

Abb. 1.17 Einschwenkbarer Abweiser mit umlaufendem Gurt

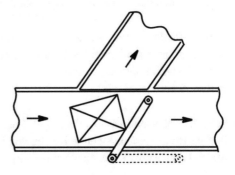

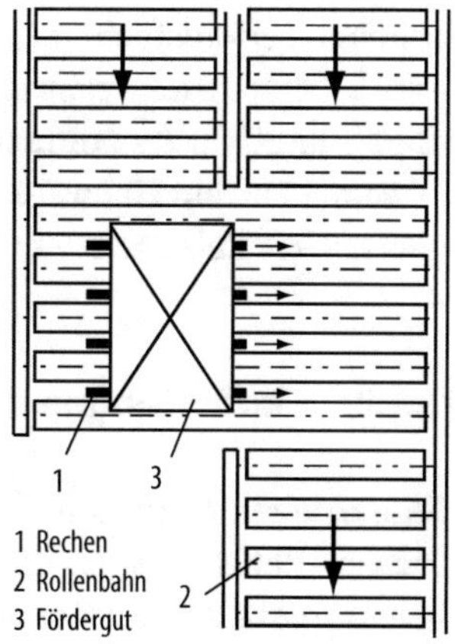

Abb. 1.18 Ein- bzw. Ausschleuselement mit Rechen

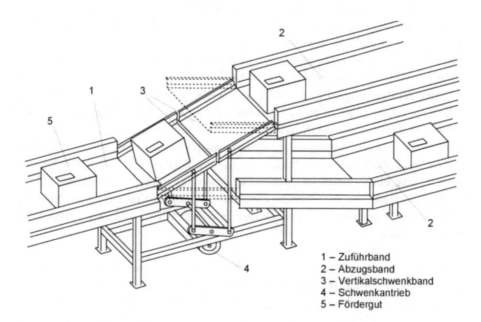

1 Rechen
2 Rollenbahn
3 Fördergut

1 – Zuführband
2 – Abzugsband
3 – Vertikalschwenkband
4 – Schwenkantrieb
5 – Fördergut

Abb. 1.19 Vertikalschwenkband

in der die vorstehend beschriebenen Verteil- und Zusammenführungselemente angeordnet sind. Einfacher, platzsparender und schließlich auch kostengünstiger gestaltet sich der Einsatz von *Vertikalschwenkbändern* (s. Abb. 1.19). Im einfachsten Fall besteht dieser Vertikalverteiler aus einem Gurt- oder Gliederbandförderer, der an einem Ende drehbar gelagert ist. Durch einen Schwenkmechanismus, meist als Kurbeltrieb ausgeführt, können die verschiedenen Übergabe- bzw. Aufnahmehöhen angefahren werden. Diese Ausführung eignet sich für Durchsätze bis zu 2000 FE/h, wobei die Länge des Förderbandes in Kombination mit vorgegebenen Hubhöhen den Durchsatz begrenzt. Ist ein höherer

Durchsatz erforderlich, bietet sich der Einsatz geteilter Schwenkbänder an. Dabei sind 2 oder 3 Förderbänder schwenkbar angeordnet, eventuell ergänzt durch ein feststehendes, schräg angeordnetes Förderband.

Durch kürzere Hubwege lassen sich bei gleicher Vertikalbeschleunigung des Förderguts kürzere Schaltzeiten erzielen. Der Durchsatz beträgt max. 3500 LE/h.

1.3.8   Einrichtungen zum Stauen und Vereinzeln

Stauförderer druckbehaftet. Der einfachste Stauförderer ist eine geneigte nichtangetriebene Rollenbahn, an deren Ende eine (schaltbare) Sperre angeordnet ist. Neben den bereits in Abschn. 1.3.1 beschriebenen Problemen hinsichtlich Förderung und Geschwindigkeit kommt noch ein mit steigender Staulänge wegen des Gewichts der aufgestauten Fördereinheiten zunehmender Staudruck hinzu. Um die unsichere Förderbewegung und die Gewichtsabhängigkeit des Schwerkraftförderers zu eliminieren, wurden *angetriebene Stauförderer* entwickelt. Kennzeichnend ist eine Begrenzung des Antriebsmoments, oft durch eine einstellbare Anpresskraft des Kraftübertragungselementes, z. B. auf Flachriemen wirkende Einschnürrolle, zwischen zwei Tragrollen. Eine Fördereinheit wird so mit begrenzter Kraft angetrieben. Trifft eine bewegte Fördereinheit auf eine aufgestaute Fördereinheit, übt sie zunächst eine mit ihrem Gewicht sowie der Fördergeschwindigkeit zunehmende Kraft auf die bereits aufgestauten Fördereinheiten aus. Im Stillstand bleibt ein Staudruck erhalten, der jedoch nicht gewichtsabhängig ist, sondern linear mit der Staulänge zunimmt. Zu beachten ist jedoch auch hier, dass empfindliche Fördergüter bei einer Überschreitung eines bestimmten Staudrucks beschädigt oder zerstört werden können. Sowohl angetriebene als auch nichtangetriebene Stauförderer sind nur für das Sammeln von Fördergütern geeignet. Zum Puffern sind sie weniger, zum Vereinzeln sind sie generell nicht geeignet.

Stauförderer staudrucklos. Der Einsatz staudruckloser Stauförderer bietet sich an, wenn entweder empfindliche Fördergüter zu stauen sind oder wenn neben der Pufferwirkung auch eine Vereinzelung durchgeführt werden soll, d. h. Fördereinheiten in eine Warteposition gebracht und einzeln, oft auch getaktet einem weiterführenden Prozess zugeführt werden sollen. Allen Systemen gemein ist eine Aufteilung des Stauförderers in einzelne Stauplätze. Jeder Stauplatz nimmt eine Fördereinheit auf und verfügt über eine separate Ab- und Zuschaltung der Antriebskräfte bzw. -momente. Bei einfachen mechanischen Systemen wird die Antriebskraft über einen Hebel immer dann unterbrochen, wenn der nächste Stauplatz belegt ist. Ein Nachteil ist, dass sehr leichte Fördereinheiten von dem Hebel aufgehalten werden können, ohne diesen zu betätigen. Aufwendigere Systeme detektieren die Fördereinheiten opto-elektronisch und schalten elektrisch oder pneumatisch die Antriebskraft bzw.- bewegung des Stauförderers ab. Wird der in Förderrichtung nächste Stauplatz frei, rückt in der Standardschaltung die nächste gestaute Fördereinheit um einen Stauplatz vor. Neben der Standardschaltung sind weitere Betriebsarten, z. B.

Blockabzug, der zum Sammeln von Ladeeinheiten eingesetzt wird, verfügbar. Bei flexiblen Systemen ist der Betriebsmodus programmier- oder codierbar, wodurch auch eine nachträgliche Änderung der Betriebsart ohne größeren Aufwand möglich ist.

Hinsichtlich des Antriebs- und Tragsystems können Rollen-, Gurt- und Riemen-Stauförderer unterschieden werden. Bei **Rollenstauförderer** wird üblicherweise ein Flach-, Zahn- oder Keilriemen oder ein schmaler Gurt auf der Unterseite der Rollen über einen schaltbaren Mechanismus anpresst bzw. eingeschnürt. Die Länge von Stauplatz und Fördergut sowie die Fördergeschwindigkeit stehen in einem gegenseitigen Abhängigkeitsverhältnis. Ist die Fördergeschwindigkeit zu hoch oder sind die Fördereinheiten kürzer sind als der Bremsweg, wird der Sensor noch vor dem Stillstand der Ladeeinheit wieder freigegeben. Dies täuscht der Steuerung einen scheinbar freien Stauplatz vor und die nachfolgende Ladeeinheit rückt nach. Über 0,5 m/s empfiehlt sich deshalb der Einsatz einer zusätzlichen Bremse. Zunehmend kommen Stauförderer, basierend auf Rollen mit integrierten Antrieben zum Einsatz. Dabei wird jeder Stauplatz mit mindestens einer Antriebsrolle versehen, die meist über Rund- oder Flachriemen die restlichen Tragrollen eines Stauplatzes antreibt, nicht nur als Antriebs-, sondern auch als Tragelement dienen Flach,- Keil oder Zahnriemen beim **Riemenstauförderer**. Längs zwischen den umlaufenden Riemen sind stationäre Tragleisten angeordnet. Mittels einer Hubbewegung können die Fördergüter entweder von den Riemen bewegt oder von den stillstehenden Tragleisten abgebremst werden. Der Durchsatz von Rollen- und Riemenstauförderer liegt max. bei ca. 2000 FE/h. Ist ein höherer Durchsatz erforderlich, z. B. beim Einschleusen in Sortersysteme, werden meist mehrere kurze Gurtbandförderer in Reihe angeordnet. Neben der Puffer- und Vereinzelungsfunktion können diese **Gurtstauförderer** auch die Synchronisation für den sich anschließenden Einschleusvorgang übernehmen, falls sie mit drehzahlregelbaren Servoantrieben ausgestattet sind.

Vereinzelung durch Geschwindigkeitsstufung. Oft sollen Fördereinheiten vereinzelt werden, ohne dass eine Pufferfunktion erforderlich wird. Beispiele hierfür sind Durchlaufwaagen oder Lesestationen. Hier ist es meist ausreichend zwei oder mehr (Gurtband-) Förderer hintereinander anzuordnen, wobei die Fördergeschwindigkeit sukzessive gesteigert wird. Üblich sind Geschwindigkeitssprünge von 30 bis 50 %.

1.4 Bodengebundene Fördersysteme für schwere Stückgüter

Bodengebundene stetige Stückgutfördersysteme werden insbesondere an den Schnittstellen zum außerbetrieblichen Transport und in Lagervorzonen eingesetzt. Für innerbetriebliche Transportvorgänge werden oft Hängeförderer (s. Abschn. 1.5) oder, wegen der höheren Flexibilität, Flurförderzeuge, insbesondere Gabelstapler, Schlepper und Fahrerlose Transportsysteme (FTS) bevorzugt. Als Ladeeinheiten sind neben Paletten [DIN 15141; DIN 15142; DIN EN ISO 445:2010; DIN 15147], Containern [DIN 15190; ISO 668:2013; ISO 1496-1:2013-07], Gitterboxen [UIC – Norm 435-3] und Kisten auch speziell auf das

Fördergut abgestimmte Ladehilfsmittel üblich. Werden für den Umschlag von großen Ladeeinheiten, z. B. 20-Fuß oder 40-Fuß Container, in der Regel Unstetigförderer, z. B. Portalkrane oder Flurfördermittel, eingesetzt, so sind Stetigförderer für den Umschlag von Paletten, Gitterboxen und kleineren Containern, z. B. Flugcontainern, weit verbreitet und dementsprechend oft standardisiert. Die in den Angaben genannten Daten hinsichtlich Fördergeschwindigkeiten, Durchsätze und Ausschleusraten beziehen sich auf beladene Europaletten der Abmessung 1200 × 800 mm. Für größere Ladehilfsmittel liegen sie in der Regel niedriger, für kleinere eventuell höher. Zu beachten ist jedoch, dass umschließende Ladehilfsmittel wie Gitterboxen oder Flugcontainer üblicherweise höhere Geschwindigkeiten und Beschleunigungen als offene Ladehilfsmittel, z. B. Paletten, zulassen. Um den manuellen Aufwand beim Palettieren zu vermindern, können in automatisierte Stückgutfördersysteme Palettiermaschinen [VDI 3638] eingebunden werden.

1.4.1   Rollenförderer

Rollenförderer für schwere Stückgüter (s. Abb. 1.20) basieren auf dem gleichen Funktionsprinzip wie Rollenförderer für leichte Stückgüter, unterscheiden sich von diesen aber in vielen konstruktiven Details. So wird das Antriebsmoment anstatt über Rund- oder Flachriemen meist über Ketten oder Zahnriemen übertragen. Sowohl Durchmesser als auch Teilungsabstand der Rollen sind größer. Die Fördergeschwindigkeiten sind in der Regel niedriger und betragen lediglich ca. 0,1 bis 0,4 m/s.

1.4.2   Tragkettenförderer

In der Praxis werden bei Förderanlagen für schwere Stückgüter oft Rollen- und Tragkettenförderer kombiniert. Dabei übernimmt der Rollenförderer den Längs-, der Tragkettenförderer den Quertransport. Der Aufbau bzw. die Funktion von Tragkettenförderern (s. Abb. 1.21) ist einfach und unterscheidet sich, abgesehen von der Dimensionierung der

Abb. 1.20 Förderanlage für
Europaletten (Foto: Dematic)

Abb. 1.21 **a** Rollenförderer; **b** Tragkettenförderer

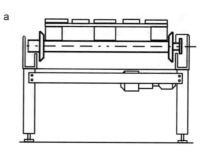

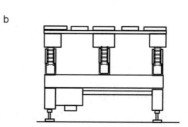

einzelnen Elemente nicht wesentlich von dem Aufbau bzw. der Funktion von Tragkettenförderern für leichte Stückgüter. Nicht selten werden Tragkettenförderer auch als Lastaufnahmemittel von anderen Fördermitteln, z. B. *Fahrerlosen Transport-Systemen (FTS)*
(s. Kap.2 „Flurförderzeuge") oder *Elektrohängebahn- (EHB)-Anlagen* (s. Abschn. 1.5.5)
eingesetzt. Ein weiteres Einsatzgebiet für Tragkettenförderer stellt die *automatische LKW-
Beladung* dar [VDI 4420]. Werden Tragkettenförderer, Rollenbahnen, etc. in den Fahr-
zeugboden integriert, können Paletten und andere Ladehilfsmittel in kurzer Zeit umge-
schlagen werden.

1.4.3 Kunststoff-Gliederbandförderer

Auch schwere Stückgüter bis hin zu kompletten PKWs können mit Kunststoff-Glieder-
bändern transportiert werden. Bei den i.d.R. niedrigeren Geschwindigkeiten bereiten
Geräuschemissionen keine Probleme. Allerdings steigt bei gleitender Abtragung mit steigendem Gewicht und Förderlänge die erforderliche Antriebsleistung und damit verbunden
der Verschleiß des Gliederbandes schnell an. Deshalb sollte insbesondere aus Gründen
der Energieeffizienz möglichst eine rollende Abtragung (s. Abb. 1.22) eingesetzt werden.

1.4.4 Plattenbandförderer

Werden zwei parallel bewegte Kettenförderer mit quer angeordneten Leisten oder Platten versehen, die jeweils an den Kettengliedern befestigt sind, so entsteht eine weitgehend geschlossene, gleichförmig bewegte und damit begehbare Fläche. Meist werden die Kettenglieder mit

Abb. 1.22 Kunststoff-Glie-
derbandförderer mit rollender
Abtragung für Paletten (Foto:
Denipro)

wälzgelagerten Trag- und Führungsrollen ausgerüstet. Dadurch kann die Antriebsleistung reduziert und besonders wichtig bei längeren Plattenbändern der sog. Stick-Slip-Effekt, der zu einem
unangenehmen Ruckeln des Plattenbandes führt, vermieden werden. Deshalb werden Platten-
bandförderer bei Fließfertigung oft im Bereich von Montagearbeitsplätzen, z. B. in der Automobilindustrie, eingesetzt. Im Gegensatz zu breiten Gurtbändern, sog. *Mitfahrbändern,* können
jedoch auch Öffnungen, z. B. für eine Zugänglichkeit des Unterbodens, vorgesehen werden. Die
Fördergeschwindigkeiten sind niedrig und betragen meist nur zwischen 1 und 6 m/min.

1.4.5 Unterflur-Schleppkettenförderer

Unterflur-Schleppkettenförderer (s. Abb. 1.23) sind mit *Power&Free-Förderern* (siehe
Abschn. 1.5.4) verwandt. Die *Schleppkette* ist in einer im Boden verlegten, nach oben
offenen Schiene verlegt. Die Kraftübertragung erfolgt über die Mitnehmer der Förderwa-
gen, die bei Bedarf in die Antriebskette eingreifen.

Abb. 1.23 Unterflur-Schleppkettenförderer für Gabelhubwagen (Foto: Egemin)

Vorteile sind die einfache und robuste Konstruktion sowie die hohe Verfügbarkeit. Ein weiterer Vorteil liegt in Kombination mit manuellem Handling des Ladegutes bzw. der der leeren Gabelhubwagen in der hohen Flexibilität der Lastauf- und Abgabe. So können die Fördereinheiten i.d.R. an einer beliebigen Stelle aus- oder in den Förderstrom eingeklinkt werden, ohne dass zusätzliche Installationen erforderlich werden. Nachteilig wirken sich gegenüber Fahrerlosen Transport-Systemen die aufwendigen Installationen im Boden aus, die neben hohen Kosten auch eine geringe Flexibilität der Linienführung mit sich bringen. Ein weiterer bedeutender Systemnachteil ist die Verschmutzungsanfälligkeit der nach oben offenen Führungsschiene der Schleppkette.

1.4.6 Elektropalettenbahn

Die Elektropalettenbahn (EPB) stellt eine zweispurige Variante der einspurigen Elektro-tragbahn (s. Abschn. 1.3.5) dar. Durch eine Variation von Spurbreite und Fahrzeuglänge können Fördergüter unterschiedlichster Abmessungen mit Einzelmassen bis zu 2000 kg bewegt werden. Das Fahrprofil H x B = 180 × 60 orientiert sich an den in der VDI-Richtli-nie 3643 für kompatible EHB-Systeme festgelegten Abmessungen [VDI 3643, VDI 4422]. Neben Kurven mit Radien ab ca. r = 3000 mm stehen *Drehscheiben* und *Parallelweichen* sowie sog. *Quadroweichen* zur Verfügung. Steigungen und Gefälle bis 3° können mit der Elektropalettenbahn ohne Vertikalumsetzeinrichtungen überwunden werden. Hinsichtlich Geräuschemission, Schonung des Förderguts und Steuerung sind im Wesentlichen die für die Elektro-Tragbahn getroffenen Aussagen auch für die Elektropalettenbahn gültig.

1.4.7 Verzweigungs- und Zusammenführungselemente für schwere Stückgüter

In stetigen Förderanlagen für schwere Stückgüter sind weniger unterschiedliche Ver-zweigungs- und Zusammenführungselemente im Einsatz als bei Förderanlagen für leichte Stückgüter. Die Gründe für die geringere Typenvielfalt liegen einerseits in den weit höheren Stückgutgewichten, die Gleitbewegungen der Fördereinheiten verbieten, begründet. Andererseits verfügt kaum eine Ladeeinheit für schwere Stückgüter über einen geschlossenen und über die ganze Bodenfläche ausreichend stabilen Boden, der erst den Einsatz vieler Verzweigungselemente für leichte Stückgüter ermöglicht.

Drehtische und Drehverschiebetische (s. Abb. 1.16) werden einerseits zur Eckumset-zung ohne Änderung der Orientierung der Ladeeinheit relativ zur Förderrichtung und andererseits als Verzweigungs- und Zusammenführungselement eingesetzt. Der Drehtisch setzt sich aus einer Dreheinrichtung und einem darauf angebrachtem Übergabeförderer als Lastaufnahmemittel zusammen.

Die Dreheinrichtung wird entweder über einen stationären Antrieb in Kombination mit Kraftübertragungsmitteln, z. B. Rollenketten, oder mit Hilfe von Radblöcken angetrieben.

Meist führen die Drehtische nur Drehbewegungen in einem Winkelbereich von +/− 180°
aus, was die Energieversorgung des Übergabeförderers vereinfacht. Als Übergabeförderer
kommt oft eine angetriebene Rollenbahn, seltener ein Tragkettenförderer zum Einsatz. Bei
Drehverschiebetischen ermöglicht eine horizontale Linearführung eine zusätzliche Bewegung des Übergabeförderers hin zu den angeschlossenen Förderstrecken, um die Spalten
zwischen Förderstrecken und Drehtisch zu minimieren. Der Durchsatz von Drehtischen
liegt bei ca. 200 LE/h.

Exzenterhubtische. Bei einer Kombination von Rollenförderer für den Längs- und Tragkettenförderer für den Quertransport werden Hubtische zur Übergabe zwischen beiden
Fördersystemen erforderlich. An den Übergabestellen sind die Ketten des Tragkettenför-
derers zwischen den Tragrollen der Rollenbahn angeordnet.

Die Übergabe von einer Förderbahn auf eine quer dazu angeordnete Förderbahn erfolgt
dabei durch das Anheben bzw. das Absenken eines der beiden Fördermittel, wobei ein Hub
von ca. 50 mm ausreichend ist. Dieser geringe Hub lässt den Einsatz von Exzentern zu, die
durch ihre Kreisfunktion eine einfache, schnelle und genaue Positionierung ermöglichen.
Der maximale Durchsatz liegt mit ca. 300 LE/h üblicherweise höher als bei Drehtischen.

Verteilwagen verbinden mehrere parallel endende Förderstrecken, z. B. Gassen eines
Hochregallagers, mit einer oder mehreren ebenfalls parallel endenden Förderstrecken.

Die Funktion dieses unstetig arbeitenden Verteil- und Zusammenführungselementes ist
einfach. Soll eine Ladeeinheit von einer Förderstrecke auf eine andere umgesetzt werden,
wird der Verteilwagen vor der zuführenden Förderstrecke positioniert. Mit Hilfe eines
angetriebenen Förderers als Lastaufnahmemittel übernimmt der Verteilwagen die Ladeeinheit. Nach Aufnahme der Ladeeinheit fährt der Verteilwagen an die abführende Förderstrecke, wo er nach einem erneuten Positioniervorgang die Ladeeinheit übergibt und
jetzt für einen neuen Umsetzvorgang zur Verfügung steht. Querverteilwagen (s. Abb. 1.24)
sind in der Regel schienengeführt und werden oft durch einen stationären Antrieb und ein

Abb. 1.24 Querverteilwagen

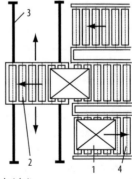

1 Ladeeinheit
2 Verschiebewagen mit Rollenförderer
3 Laufschienen
4 zuführende bzw. abfördernde Rollenbahnen

Zugmittel, z. B. Zahnriemen, angetrieben. Die Stromversorgung des Lastübertragungsmittels erfolgt entweder über sog. *Energieketten*, über Kabeltrommeln oder insbesondere bei längeren Verfahrwegen auch über *Schleifleitungen*. Der realisierbare Durchsatz ist, wie bei fast allen unstetig arbeitenden Fördermitteln stark abhängig von den zurückzulegenden Wegen [VDI 3978]. Eventuell ist deshalb der Einsatz mehrerer, parallel arbeitender Verschiebewagen in Erwägung zu ziehen, was jedoch Maßnahmen zur Kollisionsvermeidung bedarf, falls keine getrennten Bereiche bedient werden.

1.4.8 Stauförderer für schwere Stückgüter

Stauförderer für schwere Stückgüter basieren in der Regel auf *Rollenförderern*. Die Funktion entspricht weitgehend der Funktion von *staudrucklosen Stauförderern* für *leichte Stückgüter*. Der Antrieb der Staurollenbahnen erfolgt i.d.R. über einen Getriebemotor oder eine Motorrolle pro Stauplatz. Ein weitere verfügbare Lösung sind zentral angetriebene Stauförderer, deren Rollen stauplatzbezogen über eine Elektro-mechanische Kupplung zugeschaltet bzw. abgekuppelt werden können.

Um den antriebs- und steuerungstechnischen Aufwand zu begrenzen, ist auch eine Segmentierung üblich. Dabei werden mehrere Stauplätze zu einem Segment zusammengefasst und gemeinsam angetrieben. Diese Vorgehensweise reduziert zwar Durchsatz und Flexibilität, verringert aber auch signifikant die Investitions- und Betriebskosten pro Stauplatz

1.5 Hängeförderer

Kennzeichnend für alle Hängeförderer ist die Lastaufnahme unterhalb einer oder mehrerer Laufschienen. Weit häufiger als bei Tragförderern werden Hängeförderer in Fertigungs- und Montageprozesse eingebunden. Die Gründe hierfür sind vielfältig. Die Bodenfläche bleibt eben und ohne Einbauten, was eine große Bewegungsfreiheit für das Personal ermöglicht. Der hängende Transport lässt eine ungehinderte Zugänglichkeit für automatisierte und manuelle Fertigungsprozesse, z. B. Lackieren, zu. Auch empfindliche Fördergüter, z. B. Karosserieteile oder andere frisch lackierte Bauteile, können ohne Verpackung und mit vergleichsweise einfachen Lastaufnahmemitteln, z. B. Haken, schonend transportiert werden. Während Förderstrecken, Fahr- und Laufwerke weitgehend standardisiert sind, wird das *Lastaufnahmemittel*, oft auch als *Gehänge* bezeichnet, üblicherweise an das Fördergut bzw. die Transportaufgabe angepasst.

Allen Hängeförderern gemein in ein meist ausgedehntes bzw. verzweigtes Schienensystem, auf dem je nach System mehr oder weniger eigenständig operierende Fahrzeuge, oft auch als Trolleys bezeichnet rollen. I.d.R. beschränkt ist die Bewegung auf eine Förderrichtung, weshalb die Tragschienen in geschlossenen Loops verlegt werden müssen.

Hängeförderer decken einen weiten Traglastbereich ab. So werden Fördersysteme für kleine Lasten von einigen wenigen Kilogramm ebenso angeboten wie Schwerlastsysteme mit Radlasten bis ca. 2000 kg.

1.5.1 Handhängebahn

Die Handhängebahn ist der einfachste Hängeförderer. Er besteht lediglich aus einer Trag-schiene und nichtangetriebenen Laufwerken sowie den Lastaufnahmemitteln. Der Antrieb erfolgt in der Regel manuell, weshalb sich Handhängebahnen nur für kleinere Förderanlagen mit Traglasten bis zu 500 kg bei geringen Durchsätzen und horizontalem Streckenverlauf eignen. Oft werden Handhängebahnen auch als *Handhabungsmittel* in Arbeitsbereichen (z. B. der Montage) eingesetzt. Der Übergang zur Kran- und Handhabungstechnik ist fließend.

1.5.2 Schwerkraftgetriebene Hängeförderer

Bei leichten Fördersystemen sind niedrige Investitions- und Betriebskosten für Bahn und Fahrzeuge von entscheidender Bedeutung für die Marktchancen. Die einfachste und kostengünstigste automatisierbare Lösung stellen Schwerkraftsysteme (s. Abb. 1.25) dar. Dabei wird die Tragschiene ca. 6 Grad zur Waagegerechten geneigt, wodurch sich die einfach gehaltenen schwerkraftgetrieben Laufwerke selbstständig in Bewegung setzen. Ist die potenzielle Energie aufgebraucht, greift ein Schleppförderer ein und befördert die Laufwerke auf ein höheres Förderniveau. Ist ein horizontaler Transport erforderlich werden ebenfalls entsprechende Schleppförderer benötigt.

1.5.3 Kreiskettenförderer, auch Kreisförderer

Die Förderstrecken der Kreiskettenförderer bestehen aus Laufschienen, einer Vielzahl von Laufwerken, die über eine Kette miteinander verbunden sind, und den Lastaufnahmemit-teln. Antriebs- und Spannstationen setzen die Kette in Bewegung [VDI 2328]. Ebenso wie die Laufwerke sind auch die Kettenglieder mit Trag- und Führungsrollen versehen, die im Inneren eines unten offenen Tragprofils abrollen.

Abb. 1.25 Schwerkraftgetriebenes Hängefördersystem für
leichte Stückgüter (Ferag)

Abb. 1.26 Kreuzgelenkkette und Tragprofil von Kreisförderern

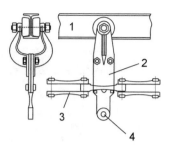

Der Transport erfolgt immer im geschlossenen Kreislauf. Die Verbindung zwischen den einzelnen Kettengliedern übernehmen Kreuzgelenke (s. Abb. 1.26), so dass neben horizontalen auch vertikale Bögen einen Übergang in Steig- oder Gefällstrecken ermöglichen. Somit sind beliebige Streckenführungen im Raum realisierbar. Die Fördergeschwindigkeit beträgt bis zu 0,5 m/s und ist für alle Laufwerke eines Förderstranges identisch. Die Fördergeschwindigkeit ist nach oben durch eine von der Kreuzgelenkkette und der Antriebsstation erzeugte und mit steigender Geschwindigkeit überproportional zunehmende Geräuschemission begrenzt. Verzweigungen und Zusammenführungen im Materialfluss erfordern Umsetzeinrichtungen von einem Förderstrang auf einen anderen. Die einfache und robuste Konstruktion von Kreisförderern bietet bei geringem Wartungsaufwand eine hohe Verfügbarkeit sowie eine weitgehende Unempfindlichkeit gegenüber rauen Umgebungsbedingungen, wie beispielsweise hohen Temperaturen oder Lackierstäuben. Dem Einsatz in explosionsgefährdeten Umgebungen kommt entgegen, dass keine elektrischen Einrichtungen an der Förderstrecke bzw. an den Laufwerken erforderlich werden.

1.5.4 Power&Free-Förderer

Power&Free-Fördersysteme werden oft auch als Zweischienenförderer bezeichnet. Beide Ausdrücke spiegeln eine typische Eigenschaft dieses Fördersystems (s. Abb. 1.27) wider. Zum einen die Trennung zwischen der Führungsschiene der Förderkette und der darunter angeordneten Tragschiene für die Laufwerke. Zum anderen die Möglichkeit, bei Bedarf die Kopplung zwischen Laufwerken und Förderkette aufzuheben. Das Entkoppeln kann sowohl durch von der Systemsteuerung betätigte, stationär angeordnete Schaltkufen als auch über eine am vorausfahrenden Laufwerk starr angebrachte Schaltkufe erfolgen. Wird ein, meist aus zwei Laufwerken bestehendes Gehänge, durch eine geschaltete Kufe angehalten, so trennt die starre Schaltkufe des letzten Laufwerks die formschlüssige Verbindung zwischen Förderkette und dem ersten Laufwerk des nachfolgenden Gehänges.

Die Trennung zwischen Förder- und Tragsystem erweitert das Einsatzgebiet stark gegenüber einfachen Kreiskettenförderern. Das Anhalten und das Stauen bzw. das Puffern ist ebenso möglich, wie das unmittelbare Verzweigen bzw. Zusammenführen von einem auf einen anderen Kreislauf [VDI 2334]. Der Antrieb des Power&Free-Systems besteht wie beim Kreisförderer aus einem ringförmig geschlossenem Zugmittel, Antriebs- und

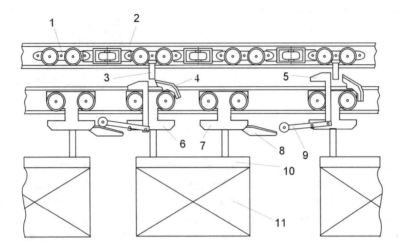

Abb. 1.27 Mitnahmemechanismus von Power & Free-Förderern

Spannsystem. Die Vorteile von Kreiskettenförderern wie einfache und robuste Konstruktion, die räumliche Streckenführung sowie die Einsetzbarkeit in explosionsgefährdeten Bereichen und bei hohen Temperaturen bleiben beim Power&Free-Fördersystemen weitestgehend erhalten. Die Fördergeschwindigkeit beträgt bis zu 0,5 m/s und ist für alle Laufwerke, die sich in einem Förderstrang befinden, konstant.

Bei leichten Hängefördersystemen sind einige konstruktive Abwandlungen verfügbar. Diese Modifikationen reichen von einfachen, an dem Zugmedium angebrachten Bürsten als Mitnehmer bis zu in Fahrtrichtung angeordneten Wellen, die über schräg an den Laufwerken angeordneten Rollen für einen entsprechenden Vortrieb sorgen (s. Abb. 1.28) Vorteilhaft ist bei letzter Lösung, dass die Fördergeschwindigkeit bereichsweise geändert werden kann.

1.5.5 Elektrohängebahn (EHB)

Die Elektrohängebahn (s. Abb. 1.29 und 1.30) besteht in der einfachsten Ausführung aus einer einseitig aufgehängten Laufschiene, die auf der anderen Seite *Schleifleitungen* aufnimmt, aus nichtangetriebenen *Lauf-* und aus angetriebenen *Fahrwerken*, wobei mindestens ein Lauf- und ein Fahrwerk das oft vereinfachend als *Gehänge* bezeichnete *Lastaufnahmemittel* aufnimmt.

Die Fahrwerke beziehen ihre elektrische Antriebsenergie aus den Schleifleitungen oder seit einigen Jahren auch aus berührungslosen induktiven Energieübertragungssystemen. Weiterhin verfügt jedes Fahrzeug über eine eigene Steuerung, die ihre Befehle in der Regel codiert über als zusätzliche Steuerleitungen ausgeführte Schleifleitungen oder berührungslos über sog. Leckwellenleiter (IWLAN) bzw. sog. Schlitzhohlwellenleiter erhält.

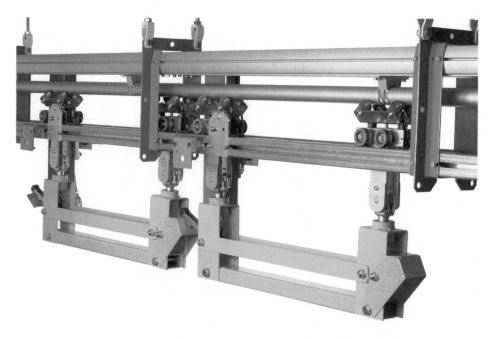

Abb. 1.28 Power&Free-Hängefördersystem für leichte Stückgüter (Foto: OCS)

Abb. 1.29 Elektrohängebahn für hängenden Transport von Fahrrädern (Foto: psb intralogistics)

Abb. 1.30 Schwerlast-Elektrohängebahn mit aktiven Gehängen für Palettentransport (Foto: Dematic)

Charakteristisch für EHB-Systeme ist, dass jedes Fahrzeug unabhängig voneinander gesteuert werden kann. Die Fördergeschwindigkeiten können mit Hilfe polumschaltbarer oder frequenzgeregelter Motoren, z. B. vor Kurven oder in Montagestrecken, reduziert werden. Mit Polyurethan beschichtete, leise abrollende Lauf- und Führungsrollen lassen bei einer sehr geringen Geräuschemission hohe Geschwindigkeiten bis zu 2 m/s zu. Die Sicherung gegen Auffahren erfolgt entweder über eine Blockstreckensteuerung, über eine Abstandssensorik, wobei optische oder induktive Sensoren Verwendung finden oder über eine permanente Positionserfassung in Kombination mit einer permanenten Kommunikation zur Leitsteuerung bzw. mit den benachbarten EHB-Fahrzeugen. Durch steigfähige Fahrwerke oder Steighilfen können auch ansteigende Streckenverläufe realisiert werden. Steighilfen sind umlaufende Schlepptriebe, die ausschließlich im Bereich der Steigung angeordnet werden. Ein Fahrzeug klinkt sich vor Beginn der Steigung in die Steighilfe ein und nach Ende der Steigung wieder aus. Der Einsatz von Steighilfen ist wirtschaftlicher, falls in einer Anlage mit vielen Fahrzeugen nur wenige Steigungen zu überwinden sind. Bei wenigen Fahrzeugen und vielen Steigungen sind dagegen steigfähige Fahrwerke günstiger.

Die Stromversorgung eines jeden Fahrzeuges ermöglicht die Verwendung *aktiver Gehänge* (s. Abb. 1.30). So sind Gehänge mit integrierten Kettenförderern zur Übernahme bzw. Abgabe von Ladeeinheiten ebenso gebräuchlich wie Gehänge mit Hubwerken, wodurch sich das Lastaufnahmemittel bei Bedarf absenken lässt. Selbst EHB-Fahrzeuge mit Aufnahmevorrichtungen für selbstfahrende Fahrzeuge wurden bereits realisiert. Elektrohängebahnen sind für Radlasten von 250 bis 2000 kg standardisiert. Bis ca. 600 kg Radlast kommen nahezu ausschließlich stranggepresste Aluminiumschienen mit einer Profilhöhe von 180 mm und einer Schienenbreite von 60 mm gemäß VDI-Richtlinie 3643 zum Einsatz. In höheren Traglastbereichen ist eine Profilhöhe von 180 und 240 mm bei einer (Gurt-)Breite von 80 mm üblich. In den vergangenen Jahren lässt sich, getrieben durch Anstrengungen zur Kosten-, Material- und Höhenminimierung, eine immer stärkere Aufsplittung der Tragschienensysteme beobachten. Diese größere Vielfalt dürfte den

Ersatz bzw. die Erweiterung von EHB-Systemen in Zukunft erschweren, da bei Hänge-fördersystemen anders als bei bodengebundenen Fördersystemen ein Systemwechsel im Förderverlauf nahezu ausgeschlossen ist.

1.5.6 Verzweigungs- und Zusammenführungselemente für Hängeförderer

Verzweigungs- und Zusammenführungselemente für Handhängebahn-, Power-and-Free- und EHB-Anlagen sind zwar in der technischen Ausführung verschieden, ähneln sich aber hinsichtlich Grundaufbau und Funktion und werden deshalb nachfolgend soweit möglich gemeinsam beschrieben. Für Kreiskettenförderer ist der Einsatz von Verzweigungs- und Zusammenführungselementen prinzipbedingt nicht möglich.

Verschiebeweichen bestehen aus einem verschiebbaren Rahmen, an dem zwei oder sel-tener drei kurze Bahnstücke befestigt sind. Als Bahnstücke können Links- oder Rechts-bögen mit Winkeln von 30° bzw. 45° sowie kurze Geradstücke nach Bedarf kombiniert werden. Verschiebeweichen (s. Abb. 1.31) werden im Leerzustand geschaltet. Über das entsprechende Schienenstück werden das ankommende Schienenende und das Schienen-ende der Zielrichtung miteinander verbunden. Ist kein Schaltvorgang erforderlich, können die Fördereinheiten die Weiche unabhängig von deren Stellung stetig passieren.

Parallelweichen bestehen ebenfalls aus einem Verschieberahmen, an dem in der Regel ein Schienenstück befestigt ist, dessen Länge dem längsten Fahrzeug angepasst ist. In der Hauptstrecke verbindet das Schienengeradstück die ankommende und abgehende Förder-strecke ohne Unterbrechung des Förderflusses. Soll in eine Nebenstrecke ausgeschleust werden, wird das Fahrzeug auf dem Schienengeradstück der Weiche positioniert. Im bela-denen Zustand verfährt der Verschieberahmen bis das bewegliche Schienenstück mit dem abgehenden stationären Schienenende in einer Flucht angeordnet ist.. Anschließend kann

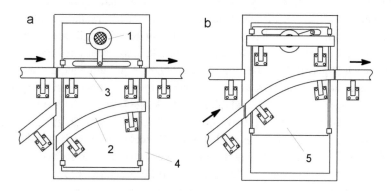

Abb. 1.31 EHB-Verschiebeweiche

das Fahrzeug aus dem Weichenbereich ausfahren. Äquivalent erfolgt das Einschleusen von einer Nebenstrecke auf die Hauptstrecke.

Drehscheiben bestehen aus einem Drehkranz, an dem eine, meist gerade Laufschiene befestigt ist. Steht die Drehscheibe in Durchgangsrichtung, können die Fahrzeuge die Schiene stetig passieren. Soll ein Fahrzeug ausgeschleust werden, wird es auf dem Schienenstück der Drehscheibe üblicherweise zentrisch positioniert. Anschließend wird das Schienenstück in Zielrichtung gedreht und das Fahrzeug verlässt die Drehscheibe.

1.5.7 Pufferstrecken und Speicher

Sowohl Power&Free- als auch EHB-Systeme benötigen nur wenige stationäre Einrichtungen, um eine Pufferung zu ermöglichen. Power&Free-Fahrzeuge verfügen über einen Klinkenmechanismus, Elektrohängebahn-Fahrzeuge dagegen oft über eine entsprechende Auffahrsensorik, die das Auffahren eines Fahrzeuges auf ein stehendes Fahrzeug verhindert. Damit beschränkt sich ein Puffer auf eine Laufschiene ausreichender Länge. Für einen Speicher sind eine oder mehrere Stecken erforderlich, die üblicherweise separat angelegt werden und nicht als Förderstrecke dienen. Lange und schmale Fördergüter können raumsparend schräg gepuffert werden. Dabei wird im Bereich der Schrägpufferung das erste und zweite Fahrwerk bzw. Laufwerk jeweils auf zwei getrennte, parallel angeordnete Laufschienen geleitet.

1.6 Vertikalumsetzeinrichtungen und Vertikalförderer

Einige Fördersysteme, z. B. *Bandförderer*, *Kreiskettenförderer* oder *Elektrohängebahnen* können bis zu einem gewissen Grad Höhenunterschiede durch Steigungen oder Gefälle überwinden. In vielen Fällen ist allerdings entweder das Fördersystem, z. B. Rollenförderer, oder das Fördergut, z. B. mehrschichtig beladene Paletten, nicht geeignet, eine größere Steigung oder ein größeres Gefälle zu befahren. Insbesondere bei größeren Höhenunterschieden ist oftmals kein ausreichender Einbauraum für Steigungs- und Gefällstrecken vorhanden. In den genannten Fällen finden Vertikalförderer, in der Praxis oft auch als *Heber* bezeichnet, Anwendung. Vertikalumsetzeinrichtungen und -förderer dienen nach allgemeiner Definition dazu, Stückgüter auf ein anderes Anlagenniveau anzuheben oder abzusenken. Oft verfügen Vertikalumsetzeinrichtungen über aktive Einrichtungen zur automatischen Lastaufnahme, z. B. *Rollenbahnen, Gurt-* oder *Tragkettenförderer*. Ebenfalls üblich sind passive *Lastaufnahmemittel*, wie Tragarme, Tragplatten oder Laufschienen von Elektrohängebahnen. In Abgrenzung zu Aufzugsanlagen dürfen Vertikalförderer keine Personen transportieren, unterliegen deshalb nicht der *Aufzugsverordnung* (Ausnahme: Hebebühnen mit Lasten <u>und</u> Personentransport). Es muss jedoch durch geeignete Maßnahmen, z. B. Einzäunung, verhindert werden, dass der Hubwagen von Vertikalförderern während des Betriebes durch Personen betretbar ist.

1.6.1   Vertikalumsetzeinrichtungen

Vertikalumsetzeinrichtungen sind unstetig arbeitende Fördermittel, die in Abgrenzung zu Lastenaufzügen jedoch meist Teil automatisierter Förderanlagen sind. Vertikalumsetzeinrichtungen bestehen aus einem *Hubwerk*, einem vertikalen Führungssystem und einem *Hubwagen*, der das eigentliche Lastaufnahmemittel aufnimmt sowie gegebenenfalls einem Gegengewicht [VDI 3599]. Das Hubwerk kann auf einem elektrischen, einem hydraulischen oder pneumatischen Antrieb basieren. Elektrische Hubwerke benötigen Seile, Ketten oder Gurte als Tragmittel. Vertikalförderer mit elektrischen Antrieben sind auch für große Niveauunterschiede geeignet. Hydraulische oder pneumatische Antriebe wirken über entsprechende Zylinder in der Regel direkt auf den Hubwagen, wobei pneumatische Antriebe auf kleine Lasten bis ca. 100 kg beschränkt bleiben und der Hub wenige Meter nicht überschreiten sollte. Das Führungssystem von Vertikalumsetzeinrichtungen ist in der Regel auch als Tragsystem ausgebildet, da Etagenförderer in der Regel freitragend und ohne bauseitig vorgegebenen (Aufzugs-) Schacht aufgestellt werden. Das *Tragwerk* kann in *Portal-* oder *Konsolbauweise* (s. Abb. 1.32) mit 1, 2 oder 4 Hubsäulen ausgeführt sein [VDI 3646].

Die Arbeitsweise von Vertikalumsetzeinrichtungen ist der von Aufzügen vergleichbar. Der Hubwagen wird auf einer Förderebene positioniert, auf der eine Ladeeinheit übernommen werden soll. Im Stillstand übernimmt der Hubwagen die Ladeeinheit und senkt oder hebt anschließend den beladenen Hubwagen auf die neue Förderebene, auf der die Ladeeinheit abgegeben werden soll. Nach Abgabe der Ladeeinheit und Rückkehr zur Ausgangsposition steht der Etagenförderer für ein neues Spiel zur Verfügung. Die *unstetige* Arbeitsweise führt zu einem vergleichsweise geringen Durchsatz, der neben der Hubgeschwindigkeit insbesondere vom Höhenunterschied abhängig ist. Die Hubgeschwindigkeit bzw. Senkgeschwindigkeit kann bis zu mehrere Meter pro Sekunde erreichen. Die Traglast von Vertikalumsetzeinrichtungen ist der Anwendung angepasst und lässt sich in weiten Grenzen variieren, wobei insbesondere Traglasten von 50 kg, 500 kg, 1000 kg und 2000 kg standardisiert sind. Prinzipiell lassen sich mit dem Etagenförderer beliebig viele

Abb. 1.32 Bauarten von Vertikalumsetzeinrichtungen: **a** Konsolbauweise; **b** Portalbauweise

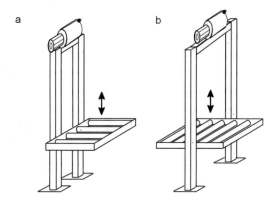

Förderebenen verbinden, wobei beide Förderrichtungen, d. h. das Heben und das Senken mit einer Vertikalumsetzeinrichtung bedient werden können. In Hochleistungsanlagen für leichte Stückgüter ist der *Grenzdurchsatz* von Vertikalumsetzeinrichtungen in der Regel nur dann ausreichend, wenn entweder nur Nebenströme bedient werden oder mehrere Etagenförderer parallel angeordnet werden, eventuell ergänzt durch Lastaufnahmemittel für zwei und mehr Fördereinheiten.

1.6.2 Umlaufförderer

Stoßen klassische Vertikalumsetzeinrichtungen [VDI 3599] an ihre Leistungsgrenzen, sind stetig arbeitende Umlaufförderer (s. Abb. 1.33) oft die einzig wirtschaftlich sinnvolle Alternative. Technisch sind Umlaufförderer mit dem *Paternoster-Aufzug* verwandt. Kennzeichnend für Umlaufförderer ist die konstante Fördergeschwindigkeit. Eine häufig anzutreffende Bauform ist der *Umlauf-S-* und der *Umlauf-C-Förderer*, die eine kontinuierliche arbeitende Verbindung zwischen zwei Förderebenen ermöglichen [VDI 3583]. Zwischen zwei endlosen Zugmitteln, meist als Gelenkketten oder als sog. Gummiblockkette ausgeführt, sind bei diesen Vertikalförderern Tragmittel in Form von Stäben, Traggurten oder Plattformen eingehängt. Die Verbindung der Tragmittel mit den insgesamt vier endlosen Zugmitteln ist drehbar gelagert. Durch die Anordnung der Zugmittel geht die Förderrichtung von der Waagerechten in die Senkrechte und anschließend wieder in die Waagerechte über. Ist das Fördergut nicht tragfähig, wird der Einsatz von Förderplattformen erforderlich, die jedoch nicht starr sein dürfen. Die Förderplattformen bestehen meist aus Stützketten, die sich nur in einer Richtung umlenken lassen.

Als Fördergüter eignen sich leichte Stückgüter wie Schachteln und kleinere Boxen ebenso wie Europaletten oder kleinere Container. Die Traglast standardisierter

Abb. 1.33 Umlauf-S-Förderer
[VDI 3646]

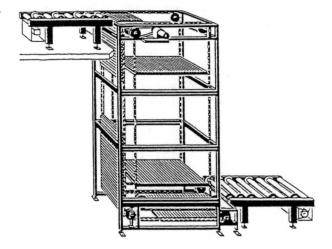

Umlauf-S-Förderer reicht von 50 kg bis 1500 kg. Im Gegensatz zum *Etagenförderer* arbeiten *Umlauf-S-Förderer* richtungsgebunden und können keine Verteilfunktion übernehmen. Je größer die Förderhöhe, desto größer wird der Vorteil hinsichtlich des Grenzdurchsatzes von Umlaufförderern, da die Leistungsfähigkeit nicht von der Förderhöhe sondern nur von der Teilung abhängig ist.

Müssen mehr als zwei Förderebenen miteinander verbunden werden, können auch Umlaufförderer mit einschwenkbaren *Übergabeförderern* eingesetzt werden (s. Abb. 1.34). Die rechenförmigen Übergabeförderer greifen in die ebenfalls rechenförmig gestalteten Förderplattformen ein und kämmen so das Fördergut aus. Für gleichförmiges Fördergut, z. B. Boxen mit einheitlichen Abmessungen, sind auch doppelt einschwenkbare *Riemen- oder Kettenförderer* als Übergabeförderer ausreichend. Aufgrund der größeren Abstände der Förderplattformen und einer zusätzlich niedrigeren erreichbaren Fördergeschwindigkeit beträgt der erreichbare Durchsatz lediglich ca. 40 % des Durchsatzes von Umlauf-S- oder Umlauf-C-Förderern.

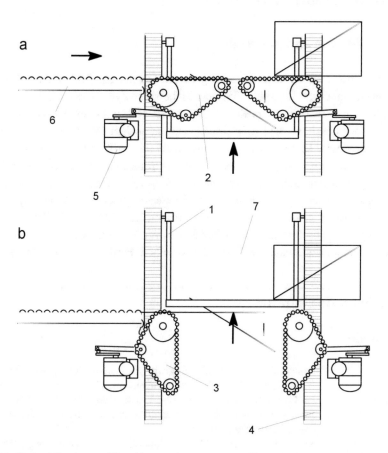

Abb. 1.34 Umlauf-Förderer. **a** Einschleusstation in Arbeitsstellung, **b** Einschleusstation in Ruhestellung

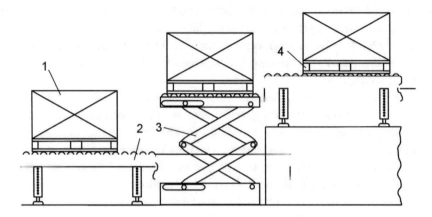

Abb. 1.35 Scherenhebebühne mit Rollenförderer

1.6.3 Hubtische und Hebebühnen

Ist nur ein geringer bis mittlerer Hub bei geringen Durchsatzanforderungen erforderlich, können auch Hubtische (s. Abb. 1.35) oder Hebebühnen zur Überwindung von Höhenunterschieden eingesetzt werden. Kennzeichnend für Hubtische und Hebebühnen ist eine Anordnung der Führungs- und Antriebselemente unter dem eigentlichen *Lastaufnahmemittel*. Dadurch wird keine zusätzliche Grundfläche für die Tragsäule(n) erforderlich. Als Antriebe sind pneumatische, hydraulische und elektromechanische Hubzylinder (Trapez- oder Kugelgewindespindel) weit verbreitet. Als Führungselemente werden bei Hubhöhen bis zu mehreren Metern meist *Scherenkonstruktionen* eingesetzt. In Montagesystemen der Automobilindustrie, z. B. Plattformanlagen, werden mit Hilfe von in den Grundförderer integrierten Hubtischen auch die Arbeitshöhen variiert. Eine weitere Anwendung von Hubtischen stellt die automatische Übergabe von einem Fördersystem auf ein anderes dar.

Weiterführende Literatur

1 Allgemein

[Arn02]   Arnold, D.: Materialfluß in Logistiksystemen. Berlin: Springer 2002
[Axm93]   Axmann, N.: Handbuch Materialflußtechnik. Ehningen: expert 1993
[Hof83]   Hoffmann, K.: Fördertechnik - Bd 1. u. 2. München: Oldenbourg 1983
[Jün00]   Jünemann, R; Schmidt, T.: Materialflusssysteme – Systemtechnische Grundlagen. Berlin: Springer 2000
[Mar78]   Martin, H.: Förder- und Lagertechnik. Braunschweig: Vieweg 1978
[Pfe85]   Pfeifer, H.; Kabisch, G.; Lautner, H.: Fördertechnik - Konstruktion und Berechnung. Braunschweig: Vieweg 1985
[Sch90]   Scheffler, M. u.a.: Unstetigförderer 1 u. 2. Berlin: VEB 1990/1985
[Sch94]   Scheffler, M.: Grundlagen der Fördertechnik. Wiesbaden: Vieweg 1984

Richtlinien

[BGV A3]	Unfallverhütungsvorschrift: Elektrische Anlagen und Betriebsmittel (2005)
[DIN EN ISO 12100]	Sicherheit von Maschinen - Allgemeine Gestaltungsleitsätze - Risikobeurteilung und Risikominderung (2011)
[DIN EN ISO 13857]	*Sicherheit von Maschinen - Sicherheitsabstände gegen das Erreichen von Gefährdungsbereichen mit den oberen und unteren Gliedmaßen (2008)*
[DIN EN 60204: 2007-06;VDE 0113-1: 2007-06]	Sicherheit von Maschinen; elektrische Ausrüstung von Maschinen (2007)
[VDI 3581]	Zuverlässigkeit und Verfügbarkeit von Transport- und Lageranlagen (2004 - Berichtigung: 2006)
[VDI 3978]	Durchsatz und Spielzeiten in Stückgut-Fördersystemen (1998)
[VDI 3979]	Abnahmeregeln für Stückgut-Fördersysteme (1992/2002)
[VDI 4443]	Kontaktlose Energieübertragung für mobile Systeme in der Stückgutfördertechnik (2008)

2 Ladehilfsmittel

Richtlinien

[DIN15141 Teil 4]	Transportkette; Paletten; Vierwege-Fensterpaletten aus Holz, Brauereipaletten 1000 × 1200 mm (1985)
[DIN 15142 Teil 1]	Flurfördergeräte; Boxpaletten, Rungenpaletten; Hauptmaße und Stapelvorrichtungen (1973)
[DIN 15147]	Flachpaletten aus Holz; Gütebedingungen (1985)
[DIN 15190]	Binnencontainer (1991)
[DIN EN ISO 445]	Palette für die Handhabung von Gütern; Begriffe (2013)
[ISO 668]	Container (2013)
[ISO 1496]	Series 1 freight containers – specification and testing (2013)
[VDI 2363]	Flüssigkeitsbehälter ohne Auslaufarmatur; Nenninhalt 250 Liter (2003)
[VDI 2383]	Flüssigkeitscontainer mit Auslaufarmatur; Nenninhalt 500 bis 1000 Liter (2003)
[VDI 4460]	Mehrwegtransportverpackungen und Mehrwegsysteme zum rationellen Lastentransport (2003)

3 Stetige Stückgutfördersysteme

[Paj88]	Pajer, G u.a.: Stetigförderer. Berlin: VEB Verlag Technik 1988

Richtlinien

[BGR 500 Kap. 2.9]	BG-Regel: Betreiben von Arbeitsmitteln – Betreiben von Stetigförderen (2008)
[DIN EN 619]	Stetigförderer und Systeme – Sicherheits- und EMV-Anforderungen an mechanische Fördereinrichtungen für Stückgut (2011)
[VDI 2340 Entwurf]	Ein- und Ausschleusungen von Stückgütern; Übersicht, Aufbau und Arbeitsweise (1997)

[VDI 2334]	Übersichtsblätter Stetigförderer - Schleppkreisförderer (1988)
[VDI 3599]	Übersichtsblätter Stetigförderer - Etagenförderer (1985)
[VDI 3583]	Übersichtsblätter Stetigförderer - Umlauf-S-Förderer (1976)
[VDI 3618 Blatt 1]	Übergabevorrichtungen für Stückgüter; Paletten, Behälter und Gestelle (1994)
[VDI 3618 Blatt 2]	Übergabevorrichtungen für Stückgüter; Lagersichtkästen, Kleinbehälter, Säcke und forminstabile Güter (1994)
[VDI 3638]	Palettiermaschinen (1995)
[VDI 3646]	Spielzeitermittlung von Fördermitteln der Stetigfördertechnik (1994)
[VDI 3657]	Kommissionierarbeitsplatz, Ergonomische Gestaltung (1993)
[VDI 4420]	Automatisches Be- und Entladen von Stückgütern auf Lastkraftwagen (1996)
[VDI 4422]	Elektropalettenbahn (EPB) und Elektrotragbahn (ETB) (2000)
[VDI 4440 Blatt 1]	Übersichtsblätter Stetigförderer für Stückgut – Bandförderer (2007)
[VDI 4440 Blatt 3]	Übersichtsblätter Stetigförderer für Stückgut – Rollenförderer (2007)

4 Hängeförderer

Richtlinien

[VDI 3643]	Elektro-Hängebahn; Obenläufer, Traglastbereich 500 kg; Anforderungsprofil an ein kompatibles System (1998)
[VDI 4440 Blatt 5 - Entwurf]	Übersichtsblätter Stetigförderer für Stückgut –Hängeförderer (2007)
[VDI 4441 Blatt 1]	Eigenschaften und Anwendungsgebiete (2012)
[VDI 4441 Blatt 2]	Planungshilfe für Betreiber und Hersteller von Elektrohängebahn-Anlagen (2012)
[VDI 4442]	Hängefördertechnik zur Förderung, Lagerung und Sortierung von leichten Stückgütern (2007)
[VDI 2328]	Kreisförderer (hängende Lasten), 1981

Flurförderzeuge

2

Alice Kirchheim und Peter Dibbern

Flurförderzeuge sind auf dem Boden (Flur) laufende, frei lenkbare Fördermittel für das Befördern, Ziehen oder Schieben von Lasten [Ber02]. Der bekannteste Vertreter der Flurförderzeuge ist der Gabelstapler, dessen erster Vorläufer 1917 in den USA von Eugene Clark entwickelt wurde. Es war ein benzinbetriebenes Fahrzeug, das eine Last von circa zwei Tonnen in einem frontseitig angebrachten Ladebehälter transportieren konnte – und keine Bremse hatte [Bod05, Int14a]. Fast hundert Jahre später gibt es eine Vielzahl verschiedener Flurförderzeuge, die in DIN ISO 5053 nach den Kriterien Art des Antriebs, Art der Räder, Art der Steuerung, Einteilung der Hubhöhe und Einteilung der Fahrbewegung klassifiziert werden [DIN94]. Aufgrund der großen Anzahl verschiedener Flurförderzeuge gibt es für Betreiber von Flurförderzeugen zur Unterstützung verschiedene Richtlinien z. B. für die Auswahl von Flurförderzeugen [VDI14a], für die Ermittlung von Betriebskosten [VDI14b] sowie für die Zuordnung von Beanspruchungsklassen [VDI10]. Auch das Fahren bzw. Benutzen eines Flurförderzeugs ist geregelt. So legt die BGV D27 die Anforderungen für den Fahrer fest [Ber02], die BGG 925 hingegen regelt die erforderliche Ausbildung für das Führen von Flurförderzeugen [Deu07].

Obwohl es eine große Menge unterschiedlicher Flurförderzeuge gibt, verbinden sie einige technische Rahmenbedingungen. Daher wird in Abschn. 2.2 auf wesentliche technische Aspekte eingegangen; ein vollständiger Überblick ist in der VDI-Richtlinie 2198 gegeben [VDI12]. Anschließend werden aus der Aufstellung der Flurförderzeuge

Dr. A. Kirchheim (✉)
STILL GmbH, Berzeliusstraße 10, Hamburg, Deutschland
e-mail: alice.kirchheim@still.de

P. Dibbern
Jungheinrich AG, Lawaetzstraße 9-13, Norderstedt, Deutschland
e-mail: peter.dibbern@jungheinrich.de

© Springer-Verlag GmbH Deutschland, ein Teil von Springer Nature 2019
T. Schmidt (Hrsg.), *Innerbetriebliche Logistik*, Fachwissen Logistik,
https://doi.org/10.1007/978-3-662-57930-5_2

und ihrer Funktionen aus der VDI 3589 einige charakteristische Zuordnungen ausgewählt und dargestellt (siehe Abschn. 2.2) [VDI14a], wobei aufgrund der Aktualität die Themen Fahrerlose Transportfahrzeuge und Routenzüge abschließend separat aufgegriffen werden (siehe Abschn. 2.3 und 2.4).

2.1 Technische Rahmenbedingungen von Flurförderzeugen

Beim Aufnehmen und Transportieren von Lasten entstehen Kräfte, die einen Einfluss auf die Standsicherheit eines Flurförderzeugs haben. Die Standsicherheit ist nach DIN ISO 5053 definiert als die „Fähigkeit eines [...] Flurförderzeugs, einem Umkippen infolge statischer oder dynamischer Kräfte beim Einsatz standzuhalten" [DIN94]. Die Prüfung der Standsicherheit erfolgt mit unterschiedlichen Versuchen, deren grundlegende Anordnung in DIN ISO 22915 beschrieben sind [DIN08]. Im Resultat ergeben sich für die Gewährleistung der Standsicherheit für jedes Flurförderzeug einzuhaltende Werte wie die Nenntragfähigkeit und den Lastschwerpunktabstand.

Die Nenntragfähigkeit beinhaltet das maximal zu transportierende Gewicht der Last, sie gilt bis zu einer angegebenen Höhe. Aufgrund der Zunahme der wirkenden Kräfte mit der Hubhöhe (Hebelgesetz) verringert sich anschließend die Tragfähigkeit. Sowohl in den Datenblättern als auch auf dem Flurförderzeug gibt es daher Diagramme oder Tabellen (siehe Abb. 2.1), von denen in Abhängigkeit des Gewichts der Last, dem Lastschwerpunkt und der Hubhöhe für ein Flurförderzeug die Tragfähigkeit abgelesen werden kann.

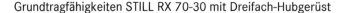

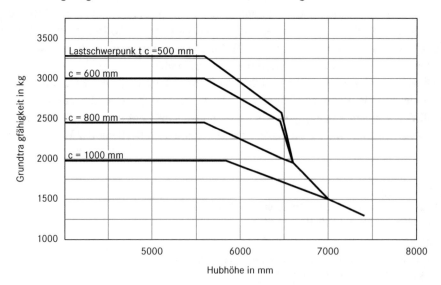

Abb. 2.1 Tragfähigkeitsdiagramm eines Flurförderzeugs. (Quelle: STILL GmbH)

Abb. 2.2 Visualisierung des Lastschwerpunktabstands (c) und Lastabstands (x). (Foto STILL GmbH)

Der Lastschwerpunkt bezeichnet dabei den horizontalen Abstand des Lastschwerpunkts zu der Hubeinrichtung (Abb. 2.2) und der Lastabstand bezeichnet das Maß von der Mitte der Vorderachse zu der Hubeinrichtung, z. B. einem Gabelrücken.

In Abhängigkeit von der Lage des Lastschwerpunkts zu der Radbasis des Flurförderzeugs werden Flurförderzeuge in die Gruppen frei tragende Flurförderzeuge (außerhalb der Radbasis), radunterstützte Flurförderzeuge (innerhalb der Radbasis) und in sowohl freitragende als auch radunterstützte Flurförderzeuge (außerhalb als auch innerhalb der Radbasis) eingeteilt (siehe Abb. 2.3a–c).

Die frei tragenden Flurförderzeuge benötigen in Abhängigkeit von der Nenntragfähigkeit ein Gegengewicht für die Sicherstellung der Standsicherheit. Das Gegengewicht besteht aus einem Heckgewicht und – im Falle eines Elektroantriebs – aus der Batterie. Ein typischer Vertreter dieser Gruppe ist der Gabelstapler (siehe Abb. 2.4).

Die radunterstützten Flurförderzeuge benötigen kein Gegengewicht, sind aber aufgrund der Radarme beim Stapeln nur eingeschränkt einsetzbar. Zu dieser Gruppe gehört der Hubwagen (siehe Abb. 2.5). Durch die Kombination der beiden vorherigen Gruppen ergibt sich die dritte Gruppe die sowohl freitragend als auch radunterstützt ist. Die Last wird mit ausgefahrenem Mast aufgenommen, für die Fahrt mit der Last wird der Mast wieder eingefahren. Es ist daher kein Heckgewicht wie beim Gegengewichtsstapler notwendig und es ist das Stapeln von Lasten möglich. Zu dieser Gruppe gehört der Schubmaststapler (siehe Abb. 2.6). Im Allgemeinen gilt, dass Gegengewichtsstapler höhere Nenntragfähigkeiten haben können, allerdings aufgrund der Länge nicht so wendig sind wie Schubmaststapler. Die Wendigkeit von Flurförderzeugen wird in den Datenblättern über den Wenderadius ausgedrückt. Die Größe des Wenderadius ergibt sich unter anderem aus der konstruktiven Gestaltung des Lenksystems. Klassische Lenksysteme bei den Flurförderzeugen sind die Achsschenkellenkung wie beim Stapler mit vier Rädern (siehe Abb. 2.7),

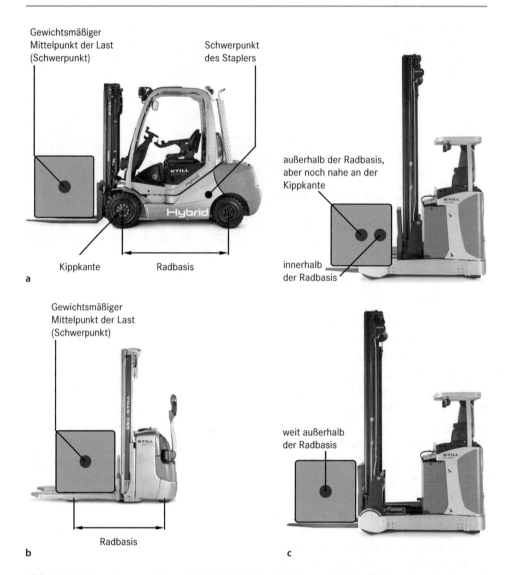

Abb. 2.3 (**a**) Lastschwerpunkt außerhalb der Radbasis (freitragendes Flurförderzeug z. B. Gegengewichtsstapler). (**b**) Lastschwerpunkt innerhalb der Radbasis (radunterstütztes Flurförderzeug z. B. Hubwagen). (**c**) Lastschwerpunkt sowohl außerhalb als auch innerhalb der Radbasis möglich (z. B. Schubmaststapler). (Fotos: STILL GmbH)

die Drehschemellenkung wie beim Stapler mit drei Rädern (siehe Abb. 2.8) sowie die Lenkung für Querfahrt wie beim Mehrwegestapler (siehe Abb. 2.9).

Der Wenderadius für das Flurförderzeug ist wiederum die Grundlage für die Berechnung der Arbeitsgangbreite, ein wesentlicher Parameter für die Gestaltung von logistischen Systemen – insbesondere von Regalanlagen. Sie bezeichnet die minimale Breite,

Abb. 2.4 Gegengewichtsstapler. (Foto: STILL GmbH)

Abb. 2.5 Hubwagen. (Foto: STILL GmbH)

die für ein Flurförderzeug benötigt wird, um Fahren, Einstapeln, Ausstapeln, Heben und Fahren zu können. In der VDI-Richtlinie 2198 sind darüber hinaus auch die Gleichungen für die Berechnungen von Arbeitsgangbreiten für verschiedene Lenksysteme angegeben [VDI12].

Bei der Auslegung von logistischen Systemen ist nicht nur die Arbeitsgangbreite, sondern auch die Breite der Verkehrswege zu berücksichtigen. In die Berechnung der erforderlichen Breite fließen die Breite der Flurförderzeuge (inkl. Beladung), die Verkehrsrichtung (Einbahn-, Begegnungsverkehr), die Nutzung durch Fußgänger und Sicherheitsabstände ein. Detaillierte Erläuterungen zu der Berechnung der Breite von Verkehrswegen sind in der Arbeitsstättenverordnung angegeben [Arb88].

Abb. 2.6 Schubmaststapler. (Foto: STILL GmbH)

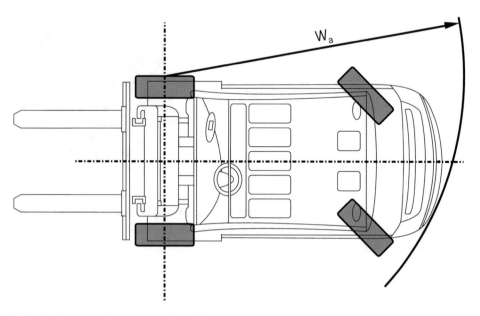

Abb. 2.7 Achsschenkellenkung. (Foto: STILL GmbH)

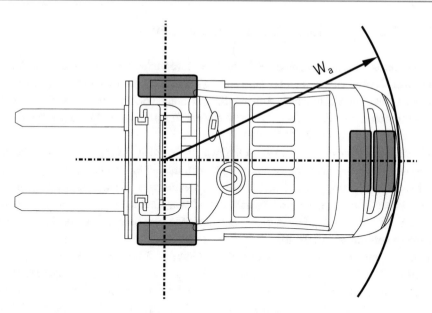

Abb. 2.8 Drehschemellenkung. (Foto: STILL GmbH)

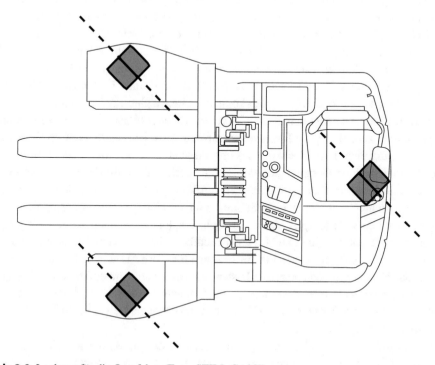

Abb. 2.9 Lenkung für die Querfahrt. (Foto: STILL GmbH)

2.2   Typen von Flurförderzeug und ihre Funktion

Transportieren bezeichnet „eine horizontale Ortsveränderung von Gütern" [VDI14a].
Bei kurzer Distanz eignen sich bis ca. 1000 kg Handgabelhubwagen und bis ca. 2000 kg
Deichselgeräte mit elektrischem Antrieb. Beim Handgabelhubwagen wird die Last hyd-
raulisch durch manuelle Bedienung gehoben, bei den Deichselhubwagen erfolgt dieses
elektrisch (Abb. 2.10 und 2.11).

Handgabelhubwagen und Deichselhubwagen werden häufig auch als Ameisen
bezeichnet, diese Bezeichnung ist aus einer eingetragenen Markenbezeichnung der Firma
Jungheinrich entstanden [Int14b]. Für den Horizontaltransport werden auch Schlepper,
Flurförderzeuge zum Ziehen und Schieben, und Wagen eingesetzt. Wagen sind Flurför-
derzeuge, die „ihre Last auf einer nicht hebbaren Plattform oder auf einem nicht hebbaren
Lastträger befördern" [VDI14a].

Umschlagen bezeichnet „den Wechsel der Güter […] von einem Verkehrsmittel auf
ein anderes" [VDI14a]. Es kann daher neben der horizontalen Bewegung zusätzlich eine
vertikale Bewegung erforderlich sein. Je nach Höhe der aufzunehmenden und abzugebenden Last können sowohl nicht stapelnde Flurförderzeuge mit niedrigem Hub wie
dem Hubwagen (Abb. 2.11) oder stapelnde Flurförderzeuge (siehe unten) eingesetzt
werden. Das Lagern und Stapeln beinhaltet nach VDI 3589 das „Einbringen von Gütern
in einer Ebene oder mehreren Ebenen übereinander" [VDI14a]. In diesen Bereich fallen
die Gabelstapler (siehe oben), Schubstapler (siehe oben), Mehrwegestapler und Seitenstapler (auch: Schmalgangstapler). Mehrwegestapler haben schwenkbare Räder für die
Fahrtrichtungsänderung – sie eignen sich besonders gut für lange Fördergüter. Seitenstapler verfügen über einen verschiebbaren Lastträger, so dass Lasten zu beiden Seiten
eingestapelt oder ausgestapelt werden können. Seitenstapler werden häufig in Schmal-
gang-Regalsystemen genutzt, in denen der erforderliche Sicherheitsabstand von 500 mm
im Gegensatz zum Breitgang Lager unterschritten wird. Hierdurch kann im Gegensatz
zum Breitgang eine hohe Flächenauslastung erreicht werden. Allerdings ist in diesem
Fall die gleichzeitige Gangnutzung von Fußgängern und Flurförderzeugen nicht oder
nur bei Einsatz entsprechend geeigneter Sensorik möglich. Zusammenfassend gilt, dass
die erforderlichen Gangbreiten beim Seitenstapler am kleinsten sind und über die Deichselgeräte und die Schubstapler bis zu den Gabelstaplern zunehmen. Als letzte Klassifi-
kationsmöglichkeit wird in [VDI14a] das Kommissionieren benannt, das in Abschn. 2.5
gesondert dargestellt wird sowie Flurförderzeuge für diese Aufgabe aufgeführt sind.

Für das Handhaben von speziellen Lasten gibt es Lastaufnahmemittel (Anbaugeräte),
die entweder temporär oder dauerhaft an Flurförderzeugen angebracht sein können wie
Zinkenverstellgeräte (siehe Abb. 2.12), Mehrfachpalettengeräte (siehe Abb. 2.13) oder
Ballenklammern (siehe Abb. 2.14).

Da Anbaugeräte ein hohes Eigengewicht haben können, verändert sich durch ihre
Nutzung die Tragfähigkeit. Berechnungen können überschlägig selbstständig z. B. online
durchgeführt werden. Exakte Berechnungen können nur von den Herstellern von Flurförderzeugen vorgenommen werden.

Abb. 2.10 Handgabelhubwagen.
(Foto: STILL GmbH)

Abb. 2.11 Deichselhubwagen. (Foto: STILL
GmbH)

2.3   Routenzüge

Routenzüge sind Flurförderzeuge, die aus einem Schlepper und einem oder mehreren Anhängern bestehen. Bereits seit vielen Jahrzehnten wird diese Art des Transportierens z. B. auf Flughäfen für den Transport von Gepäckstücken benutzt. Seit einigen Jahren ist der vermehrte Einsatz von Routenzügen in der Produktionslogistik festzustellen. Eine Ursache hierfür ist die Anstrengung Produktions- und Logistikprozesse zu synchronisieren [Gün12], wie es in der Lean Philosophie vorgesehen ist. Aufgrund des relativ jungen Einzugs der Routenzüge in die Logistik hat sich bisher weder eine eindeutige Begrifflichkeit noch eine standardisiertes Verfahren für die Gestaltung und Auslegung von Routenzugsystemen durchgesetzt.

Abb. 2.12 Zinkenverstellgerät. (Foto: KAUP GmbH & Co.KG (KAUP))

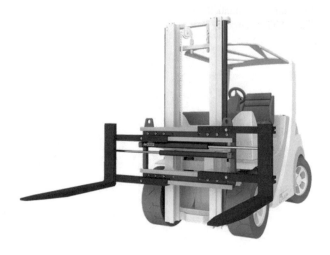

Abb. 2.13 Mehrfachpalettengerät. (Foto: KAUP GmbH & Co.KG (KAUP))

Abb. 2.14 Ballenklammer. (Foto: KAUP GmbH & Co.KG (KAUP))

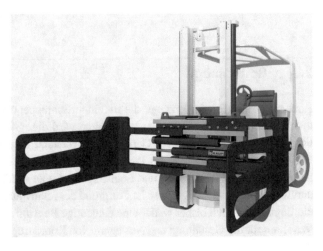

Abb. 2.15 Routenzug.
(Foto: STILL GmbH)

Abb. 2.16 Routenzuganhänger – Plattformwagen.
(Foto: STILL GmbH)

Abb. 2.17 Routenzuganhänger – Taxiwagen. (Foto: STILL
GmbH)

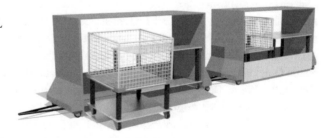

Routenzüge kommen bevorzugt zum Einsatz, wenn von einer oder mehrerer Quellen
mehrere Bedarfsorte mit Materialien versorgt und/oder eingesammelt – häufig wird auch
der Begriff Milk Run für diese Touren verwendet (Abb. 2.15).

Die technische Gestaltung von Routenzügen kann unterschiedlich realisiert sein, die
wesentlichen Gestaltungsalternativen für die Anhänger sind Plattformwagen, Taxiwagen und Einschubwagen. Auf einen Plattformwagen kann direkt ein Ladungsträger plat-
ziert werden, im Gegensatz dazu wird bei einem Taxiwagen und einem Einschubwagen
der Ladungsträger auf einen Trolley gestellt und auf (Taxiwagen) bzw. in den Anhänger
geschoben (Einschubwagen) (siehe Abb. 2.16, 2.17 und 2.18). Die Herausforderung liegt

Abb. 2.18 Routenzuganhänger – Einschubwagen. (Foto: STILL GmbH)

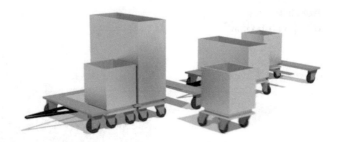

heute in der Auslegung von Routenzugsystemen, es handelt sich um eine multidimensionales Optimierungsproblem mit dem Ziel Routen, die Anzahl der Züge und ihre Anhänger sowie die Fahrpläne festzulegen. Die Schwierigkeit liegt neben der Auslegung auch darin, im Betrieb dynamische Transportanforderungen zu berücksichtigen. Ein detaillierter Überblick über Routenzüge ist in [Gün12] gegeben.

2.4   Fahrerlose Transportsysteme

Seit vielen Jahrzehnten gibt es Fahrerlose Transportfahrzeuge (FTF). Im Falle mehrerer gleichzeitig eingesetzter fahrerloser Transportfahrzeuge bezeichnet man diese als Fahrerloses Transportsystem (FTS). Trotz der stetigen technologischen Weiterentwicklung ist der Grad der Automatisierung in logistischen Prozessen nicht so hoch wie in der Produktion. Die Hauptursache hierfür liegt darin, dass in Produktionsprozessen häufig Rahmenbedingungen festgelegt und in einem engen Toleranzbereich eingehalten werden können. Im Gegensatz dazu zeichnet sich die Logistik durch sich stetig ändernde Rahmenbedingungen aus, z. B. bei Ladungsträgern in unterschiedlicher Qualität (neu, verbeult, teilweise defekt), bei der zu transportierenden Ware (schwer, rutschig, instabil), bei Wegen und Bodenverhältnissen, bei unkalkulierbaren Hindernissen durch sich bewegende Objekte (andere Flurförderzeuge oder Menschen) und statische Hindernisse durch abgestellte Ware. Dennoch werden automatisierte Flurförderzeuge heute insbesondere in einem System mit kontinuierlicher Auslastung in einem mehrschichtigen Betrieb und bei stabilen zu transportierenden Waren auf einem eingeschränkten Spektrum von Ladungsträgern vermehrt eingesetzt. Fahrerlose Transportsysteme werden in der VDI-Richtlinie 2510 definiert, in die Fördertechnik eingeordnet und nach ihren Bauformen unterschieden [VDI05]. Ergänzend werden in der Blatt 1 der Richtlinie detailliert auf die Infrastruktur und die peripheren Einrichtungen und in Blatt 2 auf die Sicherheit von Fahrerlosen Transportsystemen eingegangen. Demnach besteht ein Fahrerloses Transportsystem aus den Komponenten Fahrerloses Transportfahrzeug (siehe Abb. 2.19), Leitsteuerung, System zur Standort- und Lagebestimmung (z. B. durch Lasernavigation – siehe Abb. 2.20), System zur Datenübertragung und peripheren Einrichtungen (siehe Abb. 2.21).

Abb. 2.19 Fahrerloses Transportfahrzeug.
(Foto: STILL GmbH)

Abb. 2.20 Sensor für die
Lasernavigation. (Foto: STILL
GmbH)

Abb. 2.21 Personenschutzanlage. (Foto: STILL GmbH)

Im Betrieb wird ein Fahrerloses Transportfahrzeug auf einem Fahrkurs geführt. Dies kann technisch unterschiedlich umgesetzt werden, zumeist werden Laserreflektoren, Magnetpunkte bzw. Magnetspuren oder eine Induktivführung verwendet. Sobald ein Fahrerloses Transportsystem nicht besonders gegen das Eindringen von Menschen auf den Fahrwegen gesichert ist, haben Fahrerlose Transportsysteme außerdem eine Personenschutzanlage. Diese stellt das Anhalten des Fahrzeugs im Falle von Hindernissen im direkten Umfeld sicher (siehe Abb 2.20). Ein weiterer Überblick zu diesem Thema ist in [Mar13] gegeben.

2.5   Kommissionierung

Das Kommissionieren gehört zu den wichtigsten Prozessen im Lager. Zur Realisierung der geforderten Leistungsfähigkeit werden sehr unterschiedliche Geräte eingesetzt.

Kommissioniergeräte gewährleisten die Bewegung des Kommissionierers, den Transport der Kommissionierware sowie die Anpassung der Steh- und Greifhöhe bei dem Entnahmeprozess. Zum Teil können diese Geräte auch zum Wiederbestücken der Bereitstellungsplätze (Nachschub) bzw. zur Entsorgung der leeren abkommissionierten Ladehilfsmittel verwendet werden.

Hohe Wirtschaftlichkeit und Sicherheit charakterisieren alle Fahrzeuge. Die ergonomische Gestaltung dieser mobilen Arbeitsplätze spielt bei der Entwicklung von bemannten Geräten eine große Rolle. Fahrzeug-Arbeitsplätze erfordern niedrige Einstiegshöhen, griffgünstige Anordnung der Bedienelemente sowie gute Sicht auf die Gabelspitzen.

Als Lastaufnahmemittel kommen (starre) Gabelzinken (für Paletten und Gitterboxen), Rollen-Tische (für Tablare, Behälter oder Kartons) z. T. mit Freihub zur Anpassung der Arbeitshöhe beim Kommissionieren zum Einsatz.

Die Steuerung des Kommissionierers erfolgt zunehmend über eine Funkanbindung an ein übergeordnetes EDV-System. Die Kommissionierdaten werden dem Kommissionierer auf einem Fahrzeugbildschirm angezeigt. Mit Hilfe von Barcode- oder RFID-Lesegeräten können die Bereitstellungsplätze und die Kommissionierware identifiziert werden.

2.5.1   Geräte für manuelle Entnahme und statische Bereitstellung (Mann zur Ware)

Die manuell gesteuerten Kommissioniergeräte arbeiten nach dem Prinzip „Mann zur Ware". Mit denen bewegt sich der Bediener zu den Bereitstellplätzen, an denen die Ware manuell entnommen wird.

Zum Einsatz kommen batteriebetriebene (24/48/80V) Elektro-Flurförderzeuge (FFZ), je nach Wendigkeit bzw. Nutzlast mit Drei- oder Vierradchassis. Die Geräte sind frei verfahrbar in der Lagervorzone und im Regal-(Breit)-Gang mit Sicherheitsabständen (SA) zwischen Regal und Gerät von beidseitig mindestens 500 mm. Im sog. „Schmalgang" (SA $< 2 \times 500$ mm) werden die Geräte entweder mechanisch geführt mit seitlichen

Rollen an Bodenschienen (SA = 2 × 50 mm) oder induktiv über einen Leitdraht im Boden (SA = 2 × 75 mm).

Bei Einfahrt in den Regalgang schalten Bodenmagnete oder RFID-Transponder über eine „Gangerkennung" die Gerätefunktionen automatisch auf die im Gang maximal zulässigen Werte der Fahr-, Hub- bzw. Diagonalbewegungen (Fahren und Heben gleichzeitig) um. Zur Gangendsicherung werden alle Geräte über Bodenmagnete und Impulsschalter auf dem Gerät automatisch gestoppt bzw. zur Gangausfahrt auf Schleichgang geschaltet.

Gängige Gerätetypen sind:

- *Horizontalkommissionier-Fahrzeug* (Abb. 2.22) mit Bedienplattform bzw. Fahrerstand ohne Vertikalhub und Lastgabeln (z. T. mit Freihub, z. B. 250 mm). Nutzlast: bis ca. 2500 kg, Greifhöhen: bis ca. 2,5 m, Einsatz für hohen Durchsatz,
- *Vertikalkommissionier-Fahrzeug* mit hebbarer Kabine und Lastaufnahmemittel (mit/ ohne Freihub) entsprechend Ladeeinheiten und Kommissionieraufgabe (z. B. begehbarer, über Geländer abgesicherter Lastaufnahme bei Großpaletten). Nutzlast: bis ca. 1500 kg, Hubhöhe: bis ca. 10 m, Greifhöhe plus 1600 mm, Einsatz für mittleren Durchsatz,
- *Kommissionier-Dreiseitenstapler* (Abb. 2.23): kombiniertes Flurförderzeug zum Kommissionieren sowie Ein- und Auslagern kompletter Ladeeinheiten (z. B. Paletten). Durch die hebbare Kabine ist die Bedienperson immer auf Blickhöhe der Last. Die Lastaufnahme erfolgt mit einer (Dreiseiten-)Schwenkschubgabel direkt vom Boden oder mit beidseitig ausfahrbaren Teleskopgabeln (unteres Anfahrmaß 180 mm). Mit dem Freihub kann beim Stapeln die volle Regalhöhe genutzt bzw. beim Kommissionieren die ergonomisch günstigste Arbeitshöhe gewählt werden. Ausführung mit Doppel- bzw. Dreifach-Teleskopmast für niedrige Bauhöhen. Antriebe meist in Drehstrom (AC-)Technik mit Energierückgewinnung. Nutzlasten bis 2000 kg, Hub- und Greifhöhen bis 15 m. Einsatz für mittleren Durchsatz, breites Sortiment,
- *Kommissionier-Regalfahrzeug*: bemanntes schienengeführtes System, welches den Kommissionierer automatisch an die gewünschte Pick-Position bringt. Unterschiedliche

Abb. 2.22 Horizontalkommissionier-Fahrzeug. (Foto: Jungheinrich AG)

Abb. 2.23 Kommissionier-
Dreiseitenstapler. (Foto: Jungheinrich AG)

Lastaufnahmemittel können Behälter oder Paletten aufnehmen. Die Fahrerkabine und der optionale Palettenhubkorb können relativ zueinander verstellt werden, um die optimal ergonomische Pickposition zu gewährleisten. Nutzlast bis ca. 1000 kg, Bauhöhe bis ca. 7,5 m, Einsatz für mittleren Durchsatz von schweren Gütern (Verpackungseinheiten bis 35 kg),

- *Kommissionier-Hängebahn*: schienengeführtes, selbstfahrendes Kommissionierfahrzeug zum automatischen Transport von Pick-Paletten in die Kommissioniergänge, welche dort manuell kommissioniert werden. Integrierte Pick-by-Light-Systeme führen die Kommissionierer zu den korrekten Entnahmepositionen. Monitore und Wiegesysteme reduzieren zusätzlich mögliche Kommissionierfehler.

2.5.2 Geräte für manuelle Entnahme und dynamische Bereitstellung (Ware zum Mann)

Die vollautomatisch gesteuerten Regalbediengeräte (RBG) arbeiten nach dem Prinzip „Ware zum Mann". Sie sind auf Boden- und an Deckenschienen beidseitig geführt, haben je nach Nutzlast, Bauhöhe und Kabinengröße ein oder zwei Maste, Seil-, Riemen- bzw. Kettenhubwerk und Ein- bzw. Zweiradfahrantrieb mit Stahl- bzw. Polyurethan (PU) Laufrädern (schwenkbar bei kurvengängigen, gangwechselnden RBG). Die Geräte entnehmen die Ladeeinheiten vom Lagerplatz und stellen sie den Kommissionierern zur Verfügung. Nach Beendigung des Entnahmeprozesses werden diese Einheiten wieder ins Lager transportiert. Unterschiedliche Ausführungen von Bediengeräten für Paletten- oder Kleinteilelager sind:

- *Paletten-Regalbediengerät (RBG)* (Abb. 2.24): Ein- oder Zweimast-Ausführung mit unterschiedlichen Lastaufnahmemitteln (z. B. Teleskopgabeln) für ein- oder mehrfachtiefe Lagerung, Geräte mit höherer Dynamik manipulieren Nutzlasten von bis zu 1250 kg bis zu einer Hubhöhe von 20 m, Ausführungen für Nutzlasten bis zu 4000 kg erreichen Hubhöhen von bis zu 40 m, auch für sperrige bzw. schwere Artikel auf Paletten,
- *Behälter-Regalbediengerät (RBG)*
  - in Ein- oder Zweimast-Ausführung) kommen die Geräte in Automatischen Kleinteilelager (AKL) mit unterschiedlichen Lastaufnahmemitteln (LAM) zum Einsatz. Ein automatischer Greifer (u. a. mit Teleskoptechnik, Vakuumgreifer, Gripptechnik) manipuliert Behälter, Kartons oder Tablare auch unterschiedlicher Größen und Gewichte automatisch in den Regalen zu beiden Seiten des Gerätes ein- oder mehrfachtief. Ein RBG kann mit mehreren LAM ausgestattet werden, wodurch der Durchsatz während einer Spielfahrt erhöht wird. Während einer Spielfahrt übernimmt das RBG mit dem LAM die Ladeeinheiten von einer stationären Fördertechnik und bringt diese an die dafür vorgesehenen Einlagerpositionen (zumeist chaotische Lagerung). Das somit frei gewordene LAM kann dann eine auszulagernde Ladeeinheit übernehmen und wieder an die stationäre Fördertechnik abgeben (Doppelspiel). Regalbediengeräte im AKL bauen bis zu einer Bauhöhe von ca. 20 m und manipulieren dabei Nutzlasten von bis zu 300 kg,

Abb. 2.24 Paletten-Regalbediengerät (Foto: TGW Transportgeräte GmbH)

- in integrierter Bauweise) mit Hubbalkenausführung mit Lastaufnahmemittel (Abb. 2.25), dient der automatischen Ein- und Auslagerung von Ladehilfsmitteln in einem mit dem Gerät verbundenen Hochregal bzw. Durchlaufregal, Nutzlast bis ca. 100 kg, Bauhöhe bis ca. 12 m, Einsatz für mittleren Durchsatz,
- in Horizontal-Karussell Ausführung als vollautomatisches Lager, bei dem Blech-Tablare zu einem umlaufenden Band in mehreren Ebenen übereinander angeordnet werden, die Ebenen werden für die Beschickung oder Entnahme über Senkrecht-förderer verbunden, Einsatz speziell für hohe Kommissionierleistungen bis 35 kg,
- als Shuttlesystem: Bedienung von Behälterregalen mit mehreren gassengebundenen Fahrzeugen übereinander, die bis zu vier Behälter gleichzeitig mittels einer speziellen Zielvorrichtung dem Regal entnehmen und einlagern können.

Eine Anbindung an unterschiedliche Kommissionierplatzvarianten wird durch Förder-technik sichergestellt.

2.5.3 Geräte bei automatischer Entnahme

- *Schachtautomat* (Abb. 2.26) besitzt vertikale bzw. geneigte Warenschächte für Klein-packungen mit fest vorbestimmter Geometrie und Abmaßen, die zu beiden Seiten eines Bandförderers mit zeitlich getakteten Auswurf der Artikel einen vorbeilaufenden Auftragsbehälter bzw. das Auftragssegment des Bandes beschicken. Die Beschickung erfolgt von Hand (z. B. aus seitlichen Nachschubregalen). Einsatz für höchsten Durch-satz u. a. Schnell- und Mitteldreher der Pharma-Branche,
- *Stationärer Kommissionierroboter* in Portalbauweise (Portalroboter) mit drei linea-ren Achsen oder in Knickarmbauweise mit freien Bewegungen im Raum (i. Allg. drei Längs- und drei Rotationsachsen) mit automatischer (sensor-)adaptiv geregelter Greifeinrichtung. Das Artikelspektrum, d. h. Formstabilität, Gewicht, Abmessungen der Kommissionierware und Aufgaben, bestimmt die jeweilige Greiftechnik (z. B. taktile Vakuumgreifer (leicht, flexibel, schnell, kostengünstig) oder Klemmgreifer (vertikal/horizontal greifend oder pneumatisch/hydraulisch/elektromagnetisch betä-tigt) mit optischen Sensoren (z. B. Lichttaster zur (Karton-)Kantenerkennung bzw. mit Bilderkennung). Für erhöhten Durchsatz kommen auch Mehrfachgreifer zum Einsatz,
- *Mobiler Kommissionierroboter* kann sich horizontal oder auch vertikal bewegen und selbstständig greifen:
  - *Verfahrwagen/FTS mit Kommissionierroboter* Schienengeführter Verfahrwagen mit Höhenverstellung zur Bedienung mehrerer Regalebenen bzw. fahrerloses Transport-system mit Roboterarm und Greifer für Einzelstücke (z. B. Behälter oder Kartons),
  - *RBG-Kommissionierroboter* an Boden- und Deckenschienen geführter Mast mit kleiner Masse, dynamischen Fahr- und Hubantrieben, automatischem Greifer für Einzelstücke und Sammelmagazin für mehrere Aufträge.

Abb. 2.25 Behälter-Regalbediengerät.
(Foto: TGW Transportgeräte GmbH)

Abb. 2.26 Schachtautomat. (Foto: TGW Transportgeräte GmbH)

2.5.4   Trends in der Kommissioniergeräte-Technik

Die stärkere Endkundenorientierung führt zusammen mit der Reduzierung von Beständen zu immer kleineren Sendungsgrößen bei Zunahme der Lieferfrequenz. Diese zunehmende „Atomisierung" führt mit dem steigenden Artikelspektrum zu einem steigenden Bedarf an effizienten Geräten zur Kommissionierung.

Die kurzen Reaktionszeiten von Bestelleingang bis zur Auslieferung der Waren erfordern immer leistungsfähigere Geräte mit hohen Pick-Raten. Der Einsatz von Drehstrom-Technologie sowie die integrierte Online-Anbindung der Bediener sind Beispiele zur weiteren Fahrdynamik- und Effizienzsteigerung.

Die hohe Flexibilität und die niedrigen Investitionskosten von manuellen Kommissionier-Systemen werden auch weiterhin von hoher Bedeutung bleiben.

Das steigende Lohnniveau in den hoch industrialisierten Ländern verstärkt den Trend zu automatisierten Lösungen. Diese werden zukünftig dort eingesetzt werden, wo kontinuierliche Aufgabenstellungen mit hohen Umschlagsleistungen vorliegen. Dabei ist zu berücksichtigen, dass auch (teil-)automatisierte Systeme immer flexibler eingesetzt werden können.

Literatur

[Ber02]   Berufsgenossenschaftliche Vorschrift für Sicherheit und Gesundheit bei der Arbeit, BGV D27 „Flurförderfahrzeuge", GroLa BG, 2002

[Bod05]   Bode, W.: Intralogistik in der Praxis. Wirtschaftsverlag W.V., 2005

[Int14a]   Internetlink: http://www.logistikhalloffame.de/mitglieder/eugene-bradley-clark, Abrufdatum 01.03.2014

[DIN94]   Deutsches Institut für Normung: DIN ISO 5053:1987 „Kraftbetriebene Flurförderzeuge", Beuth Verlag, 1994 Norm DIN ISO 5053, Fahrerschulung

[VDI14a]   Verein Deutscher Ingenieure: VDI 3589 „Auswahlkriterien für die Beschaffung von Flurförderfahrzeugen", Beuth Verlag, 2014

[VDI14b]   Verein Deutscher Ingenieure: VDI 2695 „Ermittlung der Betriebskosten für Diesel- und Elektrogabelstapler", Beuth Verlag, 2014

[VDI10]   Verein Deutscher Ingenieure: VDI 4461 „Beanspruchungskriterien für Gabelstapler", Beuth Verlag, 2010

[Deu07]   Deutsche Gesetzliche Unfallversicherung: BG-Grundsatz 925 „Ausbildung und Beauftragung der Fahrer von Flurförderfahrzeugen mit Fahrersitz und Fahrerstand", Carl Heymanns Verlag, 2007

[VDI12]   Verein Deutscher Ingenieure: VDI 2198 „Typenblätter für Flurförderfahrzeuge", Beuth Verlag, 2012

[DIN08]   Deutsches Institut für Normung: DIN ISO 22915:1:2008 "Flurförderzeuge – Prüfung der Standsicherheit"

[Arb88]   Arbeitsstätten-Richtlinie: ArbStätt 5.017.1,2 „Verkehrswege", 1988

[Int14b]   Internetlink: Die Entstehung der Ameise, http://www.ameise.biz/historie.html, Abrufdatum 01.04.2014

[Gün12]   Günther, W.; Glaka, S.: Klenk, E. et al.: „Stand und Entwicklung von Routenzugsyste-
           men für den innerbetrieblichen Materialtransport", Lehrstuhl für Fördertechnik Mate-
           rialfluss Logistik an der Technischen Universität München, 2012
[VDI05]   Verein Deutscher Ingenieure: VDI 2510 „Sicherheit von Fahrerlosen Transportsystemen
           (FTS)", Beuth Verlag, 2005
[Mar13]   Martin, H.: „Transport- und Lagerlogistik: Planung, Struktur, Steuerung und Kosten von
           Systemen der Intralogistik", Springer Verlag, 2013

Hebezeuge und Kransysteme

3

Thomas Leonhardt und Martin Anders

Hebezeuge sind Fördermittel für vorwiegend senkrechte Hubbewegungen, bei denen die Last freischwebend bzw. in mitbewegten Führungen bewegt wird. Kommen zur Hubbewegung noch Fahr- oder Drehbewegungen hinzu, entsteht ein räumlicher Arbeitsbereich. Hauptbauarten sind

- Einzel- bzw. Serienhebezeuge, die i. Allg. nur Hubbewegungen ausführen
- schienengebundene Krane, die auf festen Fahrbahnen auch horizontal bewegt werden können
- Fahrzeugkrane, die sich freizügig auf Verkehrsflächen oder im Gelände bewegen können.

Letztere spielen in der innerbetrieblichen Logistik eine untergeordnete Rolle und werden hier nicht behandelt.

Die Hebezeuge haben eine eigens ausgebildete Lastaufnahmeeinrichtung – bestehend aus Tragmittel und ggf. Anschlagmittel und Lastaufnahmemittel –, mit denen die Last sicher getragen bzw. gehalten wird, ohne sie zu beschädigen (Begriffe s. DIN 15003). Tragmittel sind die mit dem Hebezeug fest und dauernd verbundenen Elemente zum Aufnehmen von Anschlagmitteln, Lastaufnahmemitteln oder Lasten. Dazu zählen z. B. Kranhaken, Unterflaschen, Greifer, Zangen, Traversen. Anschlagmittel sind nicht zum

T. Leonhardt (✉)
Institut für Technische Logistik und Arbeitssysteme,
Technische Universität Dresden, Dresden, Deutschland
e-mail: thomas.leonhardt@tu-dresden.de

M. Anders
Institut für Technische Logistik und Arbeitssysteme,
Technische Universität Dresden, Münchner Platz 3, Dresden, Deutschland
e-mail: martin.anders@tu-dresden.de

© Springer-Verlag GmbH Deutschland, ein Teil von Springer Nature 2019
T. Schmidt (Hrsg.), *Innerbetriebliche Logistik*, Fachwissen Logistik,
https://doi.org/10.1007/978-3-662-57930-5_3

Hebezeug gehörende Elemente, die eine Verbindung zwischen Tragmittel und Last oder Lastaufnahmemittel herstellen. Dazu zählen z. B. Anschlagseile, textile Hebebänder, Anschlagketten. Lastaufnahmemittel sind ebenfalls nicht zum Hebezeug gehörende Elemente. Sie nehmen Lasten auf und können ohne besondere Um- oder Einbaumaßnahmen direkt oder über Anschlagmittel mit dem Tragmittel verbunden werden. Dazu zählen z. B. Klemmen, Zangen, Gabeln, Palettengeschirre, Vakuumheber, Lasthebemagnete. Weitere Lastaufnahmeeirichtungen s. DIN 15002 [DIN80].

Krane sind Arbeitsmittel zum Heben, Senken und zum Versetzen von Lasten. Ihre Vorzüge sind die hohe Flexibilität im Bedienraum, die nahezu unbegrenzte Tragfähigkeit und das flurfreie Führen der Last. DIN 15001 [DIN75] unterscheidet nach ihrer Bauart: Brückenkrane, Portalkrane, Auslegerkrane und Drehkrane sowie Wandlaufkrane. Weitere Bauarten spielen beim Stückgutumschlag in der Intralogistik eine Rolle: Turmdrehkrane, Fahrzeugkrane, Schwimmkrane und Kabelkrane.

Im Allgemeinen werden elektrische Antriebe – meist Drehstrom-Asynchronmotoren mit Kurzschlussläufer, aber auch mit Schleifringläufer und Gleichstrom-Nebenschlussmotoren (s. [VDI07b]) – verwendet, die ihre Energie direkt aus dem Netz beziehen. Der Stromzuführung zu den ortsveränderlichen Verbrauchern dienen *Schleifleitungen und bewegliche Anschlussleitungen (fahrbare Leitungsträger, Leitungswagen, Leitungstrommeln, Hängeleitungen)*. In speziellen Anwendungsfällen, z. B. in Reinraumbereichen, sind auch kontaktlose Systeme auf Basis *induktiver Energieübertragung* im Einsatz.

Optional ermöglichen entsprechende Regelgeräte, wie Stromrichter oder Frequenzumrichter, eine stufenlose Verstellung der Drehzahl der Antriebsmotoren, die von Nutzen sein kann. So können kurze Spielzeiten mit Hilfe hoher Arbeitsgeschwindigkeiten auf der einen und sanfte Positioniervorgänge sowie hohe Positioniergenauigkeiten auf der anderen Seite erreicht werden. Eine Pendelwinkelregelung kann das beim Fahren oder Drehen auftretende Pendeln der an Seilen hängenden Last, das die Positionierung erschwert, kompensieren. Mit Hilfe einer elektronischen Geradlaufregelung können Seitenkräfte im Tragwerk sowie der Schienen- und Laufradverschleiß vermindert werden. Geregelte Antriebe sind auch die Voraussetzung für den automatisierten Betrieb von Krananlagen.

Krane werden manuell oft über kabelgebundene oder kabellose Steuergeräte von Flur aus bedient. Größere Krananlagen haben feste oder häufiger bewegliche Kabinen, die insbesondere bei im Freien betriebenen Anlagen klimatisiert sind.

Bei Kraneinbau in neue (Werk-)Hallen sollten die gebäudetechnischen Voraussetzungen sowie die Montagemöglichkeiten von Krananlagen bereits bei der Planung der Gebäude berücksichtigt werden. Wichtige Planungsgrundlagen sind in VDI 2388 [VDI07a] zusammengestellt. Bei der Planung von Krananlagen empfiehlt es sich, auf genormte Datenreihen (Tab. 3.1, 3.2 und 3.3) bei der Festlegung der Tragfähigkeit, der Hubhöhe und der Arbeitsgeschwindigkeiten für Fahren und Heben zurückzugreifen. Diese Vorgehensweise ermöglicht den Rückgriff auf standardisierte Bauelemente der Kranhersteller, wie Hubwerke und Fahrantriebe. In der Berechnung der vom Gebäude aufzunehmenden Kräfte des Krans sind horizontale und vertikale Lasten entsprechend DIN EN 13001-2 [DIN12] zu berücksichtigen. Die vertikalen Kräfte ergeben sich aus dem Eigengewicht des Tragwerks und den Radkräften der Kranlaufräder. Die Horizontalkräfte resultieren i. Allg. aus

Tab. 3.1 Genormte Tragfähigkeiten

Tragfähigkeit in t									
0,13	0,16	0,20	0,25	0,32	0,40	0,50	0,63	0,80	1,00
1,25	1,60	2,00	0,25	3,20	4,00	5,00	6,30	8,00	10,0
12,5	16,0	20,0	2,50	32,0	40,0	50,0	63,0	80,0	100

Tab. 3.2 Genormte Hubhöhen

Hubhöhe in m		
4,0	5,0	6,3
8,0	10,0	12,5
16,0	20,0	25,0

Tab. 3.3 Genormte Arbeitsgeschwindigkeiten

Arbeitsgeschwindigkeit in m/min									
				0,32	0,40	0,50	0,63	0,80	1,00
1,25	1,60	2,00	2,50	3,20	4,00	5,00	6,30	8,00	10,0
12,5	16,0	20,0	25,0	32,0	40,0	50,0	63,0	80,0	100
125	160	200	250	315					

Massenkräften beim Beschleunigen bzw. Verzögern von Fahrbewegungen. Dynamische Effekte, z. B. beim Anheben einer unbehinderten Last vom Boden oder beim Überfahren von Unebenheiten, werden durch Multiplikation der Gewichtskraft der Hublast mit Dynamik-Faktoren berücksichtigt. Im Freien aufgestellte Krane müssen zusätzlich für *Wind-* und *Schneelasten* ausgelegt und ggf. gegen *Abtreiben bei Sturm* gesichert werden (s. [VDI13c]).

Die Umsetzung der Unfallverhütungsvorschriften BGV D6 [BGV74/01] und BGV D8 [BGV80/09] und der BG-Regel R500 gewährleistet den sicheren Betrieb von Hebezeugen und Kranen.

3.1 Brückenkrane

In Werkhallen sind Brückenkrane die am weitesten verbreitete Kranbauform. Ihr Tragwerk – Schweißkonstruktionen mit Fachwerk- oder Doppel-T- bzw. Kastenträgern – besteht aus der Kranbrücke in Ein- oder Zweiträgerbauweise, die zwei senkrecht dazu stehende Kopfträger miteinander verbindet. Die Kopfträger nehmen das Kranfahrwerk mit den Lauf- und Antriebsrädern auf, die auf einer hochgelegten Kranfahrbahn abrollen. Im Brückenträger ist die Fahrbahn für die Laufkatze integriert. Mit ihrem Fahrwerk kann

Abb. 3.1 Zweiträger-Brücken-
kran bei Montagearbeiten im
Anlagenbau. (Foto: Demag
Cranes & Components GmbH,
Wetter)

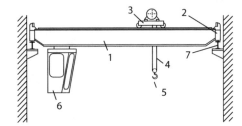

1 Kranbrücke
2 Kopfträger
3 Zweischienenlaufkatze
4 Hubseil
5 Kranhaken
6 Kabine
7 Kranbahn

Abb. 3.2 Zweiträger-Brückenkran

sie die Last rechtwinklig zur Kranfahrbahn und mit ihrem Hubwerk vertikal bewegen. Es
wird ein quaderförmige Arbeitsraum bedient, dessen Projektion nahezu die gesamte Hal-
lenfläche abdeckt. Die hochliegende, oft von der Hallentragkonstruktion aufgenommene
Kranfahrbahn behindert Produktions- bzw. Verkehrsflächen nicht (Abb. 3.1).

Bei Einträgerbrücken fahren i. Allg. Einschienenkatzen auf dem Unterflansch des
Trägers. Bei seiner Dimensionierung ist die lokale Unterflanschbiegung zu berücksichtigen. Bei drehsteifen Trägern sind auch Winkelkatzen möglich, bei denen die Last außerhalb der Stützfläche aufgenommen wird. Diese weisen die geringste Bauhöhe auf, führen
allerdings zu einer Torsionsbeanspruchung der Kranbrücke. Bei Zweiträgerbrücken über-
spannen Zweischienenkatzen beide Träger. Sie fahren auf zwei Schienen, die auf den
Obergurten liegen (Abb. 3.1 und 3.2) und führen die Last zwischen den Trägern.

3.2   Hängekrane

Hängekrane Brückenkrane, bei denen die Stützenkonstruktionen, Kranbahn, Brücke und
Laufkatze hängend untereinander angeordnet sind. Die Laufkatze als am tiefsten liegende
Baugruppe ist sehr beweglich. Die Kranbahnen sind fest oder pendelnd an Decken- bzw.
Dachkonstruktionen oder Konsolen an Hallenstützen aufgehängt (Abb. 3.3). Hängekrane

Abb. 3.3 Hängekran mit an Hallendecke und -stützen aufgehängter Fahrbahn

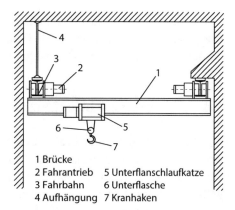

1 Brücke
2 Fahrantrieb   5 Unterflanschlaufkatze
3 Fahrbahn   6 Unterflasche
4 Aufhängung   7 Kranhaken

können durch die Verwendung von Gelenken im Kranträger an mehr als zwei Fahrbahnen aufgehängt und auf ihnen verfahren werden. Die Laufkatze kann, ggf. mit Hilfe von Überfahrstücken, auf einen parallel liegenden zweiten Kran oder auf ein Hängebahnsystem (s. Abschn. 1.5.5) überwechseln. Auch Kurvenfahrten sind möglich, sie setzen eine Drehzahlsteuerung der Fahrantriebe auf beiden Seiten des Krans voraus. Mit Hilfe von umfangreichen Baukastensystemen können Hängekrane komplexe Layouts für den Materialfluss verwirklichen. Im Unterschied zu Hängebahnen werden sie i. Allg. nicht als umlaufende Systeme projektiert.

Hängekrane finden üblicherweise dort Verwendung, wo große Hallenspannweiten durch mehrfach aufgehängte Fahrbahnen überbrückt werden müssen oder wenn Lasten von Halle zu Halle bzw. von Hallenschiff zu Hallenschiff transportiert werden sollen. Ein weiteres Einsatzgebiet für Hängekrane ist die nachträgliche Ausrüstung von Hallen mit Kranen, was allerdings voraussetzt, dass die Tragkonstruktion der Gebäudedecken ausreichend bemessen ist.

3.3 Portalkrane

Aufbau und Funktion der überwiegend im Freien arbeitenden Portalkrane sind ähnlich denen der Brückenkrane. Die Kranbahn liegt jedoch auf Bodenniveau. Deshalb werden die Kopfträger durch Portalstützen, die die Brücke auf die benötigte Höhe bringen, ersetzt. Eine Vierpunktstützung der Brücke durch zwei Feststützen eignet sich nur bei kleinen Stützweiten und ausreichender Verformungsmöglichkeit des Tragwerks. Bei größeren Portalkranen ab etwa 20 m Stützweite ist nur eine Stütze als Feststütze, die andere als Pendelstütze ausgeführt. Dadurch wird vermieden, dass Durchbiegungen der Kranbrücke, Wärmedehnungen und Ungenauigkeiten beim Verlegen der Kranbahn zu Verspannungen im Tragwerk führen. Im Gegensatz zu Brückenkranen kann die Kranbrücke seitlich über die Kranbahn hinaus verlängert werden, wodurch die Kranbrücke bei gleichem Arbeitsweg der Laufkatze schwächer dimensioniert werden kann. Weil Portalkrane einen hochliegenden Schwerpunkt haben, dazu noch die Brücke die Stützfläche überragen kann, ist die Standsicherheit bei allen zulässigen Belastungskombinationen nachzuweisen.

Portalkrane werden in Kombination mit sog. Spreadern häufig zum Umschlag von Containern, Lkw-Wechselbrücken in Hafenanlagen, auf Bahnhöfen und in Güterverkehrszentren (s. *Straßengüterverkehr, Speditionen, Logistik-Dienstleistungen*) eingesetzt.

3.4 Dreh- und Schwenkkrane

Der drehbare, über die Stützfläche des Krans herauskragende, oft auch neigbare Ausleger ist das Unterscheidungsmerkmal des (Ausleger-)Drehkrans zu den Brücken- und Portalkranen. Im Vergleich zu den Portalkranen hat das Problem der Standsicherheit eine noch größere Bedeutung. Drehkrane werden in vielfältiger Weise eingesetzt. Auch sie verfügen häufig über einen portalartigen Unterbau und werden deshalb oft als Portaldrehkrane bezeichnet. Wichtigste Vertreter sind die ortsfesten Säulen- (Abb. 3.4) und Wandschwenkkrane sowie die fahrbaren Portaldrehkrane mit Einzieh- oder Wippausleger und Turmdrehkrane. Zur innerbetrieblichen Bedienung einzelner Arbeitsplätze eignen sich besonders die beiden erstgenannten Bauformen. Portaldrehkrane werden dagegen meist beim Umschlag in Hafenanlagen (Abb. 3.5) eingesetzt.

Abb. 3.4 Säulenschwenkkran

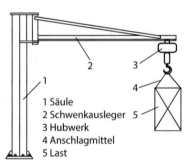

1 Säule
2 Schwenkausleger
3 Hubwerk
4 Anschlagmittel
5 Last

Abb. 3.5 Doppellenker-Wippdrehkran beim Hafenumschlag. (Foto: Kirow Ardelt GmbH)

3.5 Wandlaufkrane (Konsolkrane)

Wandlaufkrane sind Krane, bei denen die Kranbahnen nur auf einer Wand bzw. einer Säulenreihe angebracht sind. Die Laufkatze fährt auf einem frei auskragenden Ausleger, s. Abb. 3.6. Die Tragbahn nimmt die vertikalen Kräfte auf, die Führungsbahnen die horizontalen. Der Vorteil des Konsolkrans gegenüber einem Schwenkkran liegt in seinen „linearen" Bewegungsabläufen, die das Handling bei der Montage erleichtern.

Wandlaufkrane sind meistens unterhalb von Brückenkranen angeordnet, um diese in ihrer Arbeit zu unterstützen. Da Wandlaufkrane das volle Lastmoment in die Wand bzw. Stützen einleiten, sind sie für größere Auskragungen oder Lasten nicht geeignet.

3.6 Kransysteme

Die Hebezeuge, speziell die Krane spielen eine sehr wichtige Rolle in der innerbetrieblichen Logistik. Der Kran ist und bleibt infolge seiner Vorzüge, wie hohe Flexibilität im Bedienraum, nahezu unbegrenzte Tragfähigkeit und flurfreies Führen der Last, eines der wichtigsten Umschlagmittel. So können moderne Materialflusskonzepte Krane als wichtige Bestandteile im logistischen Gesamtsystem berücksichtigen. Vor allem automatisiert ablaufende Prozesse stellen hohe Anforderungen hinsichtlich der Umschlagleistung, der Positioniergenauigkeit und der Zuverlässigkeit des Handlings der Güter.

Der Einsatz von Kranen vermeidet, dass erhebliche Anteile der Grundfläche von Fertigungs- und Montagehallen, Werkstätten oder Lagern als Verkehrsflächen für Fördermittel genutzt werden (Abb. 3.1). Der Arbeitsraum des Krans wird durch die Länge der *Kranbahn*, die Höhe und die Spannweite der *Kranbrücke bzw.* die Länge des *Auslegers und* den möglichen Schwenkwinkel begrenzt. Um den Arbeitsraum zu vergrößern, bilden Krane

Abb. 3.6 Wandlaufkran

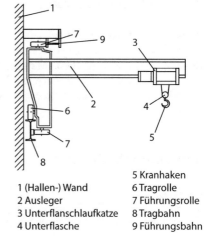

1 (Hallen-) Wand
2 Ausleger
3 Unterflanschlaufkatze
4 Unterflasche
5 Kranhaken
6 Tragrolle
7 Führungsrolle
8 Tragbahn
9 Führungsbahn

Abb. 3.7 Kransystem mit
zwei Brückenkranen und
einem Wandlaufkran. (Foto:
Demag Cranes & Compo-
nents GmbH)

gleicher oder unterschiedlicher Bauart Kransysteme. Auf die Vorzüge der Hängekrane
wurde in diesem Zusammenhang bereits hingewiesen.

Die Fahrbahnen von zwei Brückenkranen können so weit übereinander liegen, dass –
bei entsprechender Stellung der Lastaufnahmeeinrichtung – beide Fahrwege nicht blockiert sind. Konsol- und Schwenkkrane können noch tiefer angeordnet sein (s. Abb. 3.7).
Sie fungieren als sog. Arbeitsplatzkrane, mit denen z. B. Komponenten zusammengebaut
werden; die Brückenkrane transportieren die montierten Baugruppen in die nächsten
Produktionsbereiche.

Steuerungen im Zusammenwirken mit spezieller Sicherheitstechnik verhindern Kolli-
sionen, auch bei komplizierten Kransystemen. Hinweise für automatisierte Kransysteme
gibt VDI 3653 [VDI98].

Weiterführende Literatur

[Sch98]   Scheffler, M.; Feyrer, K.; Matthias, K.: Fördermaschinen – Hebezeuge, Aufzüge,
           Flurförderzeuge. Braunschweig/Wiesbaden: Vieweg 1998
[Han84]   Hannover, H.-O.; Mechthold, F.; Tasche, G.: Sicherheit bei Kranen. Erläuterungen
           zur Unfallverhütungsvorschrift. Düsseldorf: VDI-Verlag 1984
[Len85]   Lenzkes, D.: Hebezeugtechnik. Sindelfingen: expert 1985

Vorschriften/Richtlinien

[BGR07]   BGR 500: Betreiben von Arbeitsmitteln (2007)
[BGV74/01]   BGV D 6: Unfallverhütungsvorschrift Krane (1974/2001)
[BGV80/09]   BGV D 8: Unfallverhütungsvorschrift Winden, Hub- und Zuggeräte (1980/2009)

[DIN10]   DIN EN 1993-6: Bemessung und Konstruktion von Stahlbauten – Teil 6: Kranbah-
            nen (2010)
[DIN08]   DIN EN 12077-2: Sicherheit von Kranen – Gesundheits- und Sicherheitsanforderun-
            gen – Teil 2: Begrenzungs- und Anzeigeneinrichtungen (2008)
[DIN09]   DIN EN 13001-1: Krane – Konstruktion allgemein – Teil 1: Allgemeine Prinzipien
            und Anforderungen (2009)
[DIN12]   DIN EN 13001-2: Kransicherheit – Konstruktion allgemein – Teil 2: Lasteinwirkun-
            gen (2012)
[DIN13a]   DIN EN 13001-3-1: Krane – Konstruktion allgemein – Teil 3-1: Grenzzustände und
            Sicherheitsnachweis von Stahltragwerken (2013)
[DIN14]   DIN EN 13001-3-2: Krane – Konstruktion allgemein – Teil 3-2: Grenzzustände und
            Sicherheitsnachweis von Drahtseilen in Seiltrieben (2014)
[DIN15]   DIN EN 13001-3-3: Krane – Konstruktion allgemein – Teil 3-3: Grenzzustände und
            Sicherheitsnachweis von Laufrad/Schiene-Kontakten (2015)
[DIN13b]   DIN ISO 4309: Krane – Drahtseile – Wartung und Instandhaltung, Inspektion und
            Ablage (2013)
[DIN75]   DIN 15001: Krane; Begriffe; Blatt 1 – Einteilung nach der Bauart (1973), Blatt 2 –
            Einteilung nach der Verwendung (1975)
[DIN80]   DIN 15002: Hebezeuge; Lastaufnahmeeinrichtungen; Benennung (1980)
[DIN79]   DIN 15019-1: Krane; Standsicherheit (1979)
[DIN74]   DIN 15020-1: Hebezeuge; Grundsätze für Seiltriebe – Berechnung und Ausführung
            (1974)
[FEM98]   FEM 1.001: Berechnungsgrundlagen für Krane (1998)
[VDI13a]   VDI 2194 Bl. 2: Auswahl und Ausbildung von Kranführern – Fragenkatalog (2013)
[VDI05]   VDI 2194 a: Kranführerausweis (2005)
[VDI14]   VDI 2485: Instandhaltung von Krananlagen (2014)
[VDI07a]   VDI 2388: Krane in Gebäude – Planungsgrundlagen (2007)
[VDI00]   VDI 2397: Auswahl der Arbeitsgeschwindigkeiten von Brückenkranen (2000)
[VDI89]   VDI 2687: Lastaufnahmemittel für Container, Wechselbehälter und Sattelauflieger
            (1989)
[VDI13b]   VDI 3570: Überlastsicherungen für Krane (2013)
[VDI10]   VDI 3573: Arbeitsgeschwindigkeiten schienengebundener Umschlagskrane (2010)
[VDI11]   VDI 3576: Schienen für Krananlagen; Schienenverbindungen, Schienenlagerungen,
            Schienenbefestigungen, Toleranzen für Kranbahnen (2011)
[VDI13c]   VDI 3650: Einrichtungen zur Sicherung von Kranen gegen das Abtreiben durch
            Wind (2013)
[VDI03]   VDI 3651: Distanzierungseinrichtungen für Krane und Fördermittel (2003)
[VDI07b]   VDI 3652: Auswahl der elektrischen Antriebsarten für Krantriebwerke (2007)
[VDI98a]   VDI 3653: Automatisierte Kransysteme (1998)
[VDI03]   VDI 3659: Datenübertragungssysteme für schienengebundene Fördermittel (2003)
[VDI98b]   VDI 4412: Kabellose Steuerungen von Kranen (1998)
[VDI12]   VDI 4445: Empfehlung für das Abfassen einer Betriebsanleitung für die Führung
            von Kranen (2012)
[VDI04]   VDI 4446: Spielzeitermittlung von Krananlagen (2004)
[VDI06]   VDI 4448: Lasterfassung und Wägesysteme an Kranen mit Laufkatzen (2006)

Lagersysteme für Stückgut

4

Thorsten Schmidt, Paul Hahn-Woernle und Frank Heptner

4.1 Systematisierung der Lagertypen

Unter dem Oberbegriff „Lager" kann eine Vielzahl unterschiedlicher Lagertypen subsumiert werden. Eine Gliederung der Lagertypen kann z. B. nach den in Abb. 4.1 dargestellten Gesichtspunkten erfolgen [Arn02, tHSD18]:

- funktionale Gliederung der Lagertypen,
- Gliederung nach Bauhöhe,
- Gliederung nach Lagergut,
- Gliederung nach Ladehilfsmittel,
- Gliederung nach Lagermittel.

4.1.1 Funktionale Gliederung der Lagertypen

Ein *Beschaffungslager* mit ausreichender Eindeckung sichert eine kontinuierliche Lieferfähigkeit auf der Warenausgangsseite. Die Festlegung des Lagereindeckungsgrads (auch:

T. Schmidt (✉)
Institut für Technische Logistik und Arbeitssysteme, Technische Universität Dresden, Münchner Platz 3, Dresden, Deutschland
e-mail: thorsten.schmidt@tu-dresden.de

P. Hahn-Woernle
Viastore Systems GmbH, Magirusstraße 13, Stuttgart, Deutschland
e-mail: pa.hahn-woernle@viastore.com

F. Heptner
Linde Material Handling GmbH, Carl-von-Linde-Platz, Aschaffenburg, Deutschland

© Springer-Verlag GmbH Deutschland, ein Teil von Springer Nature 2019
T. Schmidt (Hrsg.), *Innerbetriebliche Logistik*, Fachwissen Logistik,
https://doi.org/10.1007/978-3-662-57930-5_4

Abb. 4.1 Systematischer Überblick der
Lagertypen

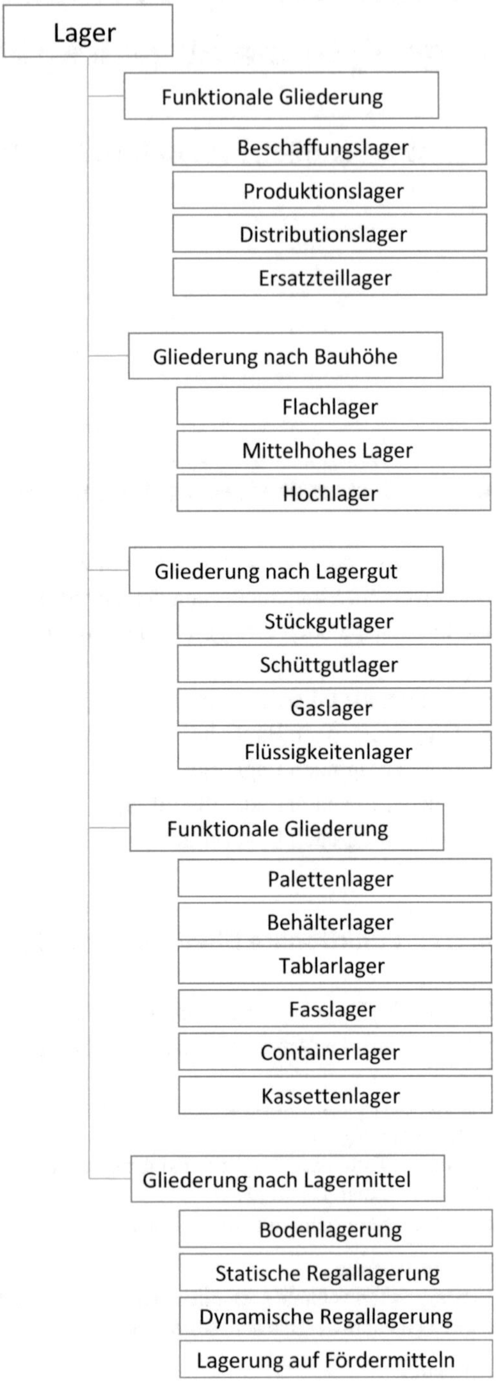

```
Lager
 ├─ Funktionale Gliederung
 │    ├─ Beschaffungslager
 │    ├─ Produktionslager
 │    ├─ Distributionslager
 │    └─ Ersatzteillager
 │
 ├─ Gliederung nach Bauhöhe
 │    ├─ Flachlager
 │    ├─ Mittelhohes Lager
 │    └─ Hochlager
 │
 ├─ Gliederung nach Lagergut
 │    ├─ Stückgutlager
 │    ├─ Schüttgutlager
 │    ├─ Gaslager
 │    └─ Flüssigkeitenlager
 │
 ├─ Funktionale Gliederung
 │    ├─ Palettenlager
 │    ├─ Behälterlager
 │    ├─ Tablarlager
 │    ├─ Fasslager
 │    ├─ Containerlager
 │    └─ Kassettenlager
 │
 └─ Gliederung nach Lagermittel
      ├─ Bodenlagerung
      ├─ Statische Regallagerung
      ├─ Dynamische Regallagerung
      └─ Lagerung auf Fördermitteln
```

Lagerreichweite) und der optimalen Bestellmengen erfolgt nach Abwägung zwischen den Kosten der Lagerhaltung und den Risiken der Nicht-Lieferfähigkeit und stellt letztlich eine betriebswirtschaftliche Entscheidung dar.

Ein *Produktionslager* dient in erster Linie der Synchronisierung von Warenzuflüssen und -abflüssen in der Produktion. Da Fertigungs- und Montageprozesse stochastischen Einflüssen unterliegen und i. d. R. nicht deterministisch beschreibbar sind, sind zufällige Bedarfschwankungen unvermeidbar. Das Produktionslager wird so dimensioniert, dass diese Schwankungen auf der Zu- und Ablieferseite durch den Pufferbestand im Produktionslager kompensiert werden können. Diese Funktion wird insbesondere in stark verketteten Systemen benötigt, um Produktionsstillstände vor- oder nachgelagerter Bereiche zu vermeiden. Zugleich werden solche produktionsinternen Warenbestände heute äußerst kritisch betrachtet und durch eine Vielzahl von Initiativen, u. a. diversen Ansätzen zur synchronen Produktion, zu minimieren versucht. Essentiell ist daher die hohe Dynamik der Ein- und Auslagerung von Produktionslägern.

Im Unterschied zum Produktionslager ist im *Distributionslager* das Verhältnis zwischen der täglichen Anzahl von Positionen im Wareneingang zur Anzahl an Warenausgangs-Positionen meist deutlich kleiner Eins. Im Distributionslager findet i. d. R. eine Aufsplittung der Ladeeinheiten statt, d. h. dem Lagerbereich kann eine Kommissionier- oder Sortierzone nachgeschaltet sein (vgl. Kap. 5 und 6). Im Kommissionierbereich werden aus mehreren artikelreinen Ladeeinheiten einzelne Artikel entnommen, den Kundenaufträgen entsprechend zusammengefasst und versandt. Im *Distributionslager* steht also nicht die eigentliche Lagerung im Vordergrund, sondern der wertschöpfende Transformationsprozess zwischen produktorientiertem Wareneingang und kundenauftragsbezogenem Warenausgang. Die Kommissionierung erfährt als personalintensiver und qualitätskritischer Prozess eine besondere Aufmerksamkeit, weshalb Distributionslager und –technologien speziell auf die Erfordernisse der Kommissionierung anzupassen sind.

Das *Ersatzteillager* stellt eine wirtschaftliche Vorratshaltung für die zum Geschäftsbetrieb erforderlichen Güter bzw. Reparaturteile sicher. Hierbei kommen Lagersysteme mit definierten Lagerplätzen und relativ kleinen Fachgrößen zum Einsatz. Die Lagerumschlagshäufigkeit (definiert als Menge der umgeschlagenen Güter im Verhältnis zum Gesamtbestand) ist wesentlich geringer als bei Distributionslagern, daher werden im Vergleich längere Zugriffszeiten zugunsten eines besseren Volumennutzungsgrades in Kauf genommen. In der Lagerstruktur spiegelt sich dies oft in Form von langen, hohen Lagergassen wider.

4.1.2 Gliederung nach Bauhöhe

Witterungsunempfindliche Güter können ohne Wetterschutz im *Freien* gelagert werden. Sie werden meist für Rohmaterialien (z. B. Holz (Rundholz) und andere Baustoffe) oder Schüttgut verwendet. Die Mehrzahl der Güter erfordert allerdings eine Lagerung in Gebäuden. Auch kann die Lagerbedienung im Freien witterungstechnisch problematisch sein. Nach der Bauhöhe können prinzipiell die nachfolgend aufgeführten Typen unterschieden werden:

Große Flächenausdehnung und geringe Höhe kennzeichnen das sog. *Flachlager*. Das Lagergut wird meist auf dem Boden oder in gestapelten Ladeeinheiten gelagert und mit Handhubwagen, Gabelstapler oder Stapelkran gehandhabt. Werden die Lagereinheiten in einem Lagergebäude auf mehreren Stockwerken gelagert, handelt es sich um ein sog. *Etagenlager*. Die Lagerbedienung entspricht dem des Flachlagers. Bei 7 bis 12 m Höhe spricht man von einem *Hochflachlager* bzw. *mittelhohen Lager* (meist mit Regalen, die ab dieser Höhe insbesondere auch den Bauordnungen der Länder unterliegen). Zur Ein- und Auslagerung (E/A) werden hierbei Hochregalstapler oder schienengeführte Regalförderzeuge eingesetzt. Oberhalb einer Höhe von 12 m handelt es sich um ein *Hochlager*. Darin ist i. d. R. eine Regalkonstruktion zur Lagerung von palettiertem Lagergut integriert, deshalb wird dieser Lagertyp als sog. *Hochregallager* bezeichnet. Hochregalläger mit Höhen von 45 m und mehr bei gleichzeitigen Längen von über 200 m sind realisiert. Die Regale sind meist freistehend und werden oft auch als Tragkonstruktion für die Lagerhülle genutzt (Silobauweise). In Hochregallägern werden zur Ein-/Auslagerung ausschließlich manuelle oder automatische Regalförderzeuge eingesetzt, die an Schienen geführt werden. Durch die Standardisierung der Ladehilfsmittel und der dadurch möglichen Automatisierung hat sich das Hochregallager zu dem am weitesten verbreiteten Lagertyp für Palettenware entwickelt.

4.1.3   Gliederung nach Lagergut

Bezüglich des Lagerguts können Läger unterschieden werden in Stückgut-, Schüttgut-, Gas- und Flüssigkeitslager. Auf Grund des Aggregatzustands des Lagerguts kommen hierbei unterschiedliche technische Lösungen zur Ein- und Auslagerung zum Einsatz. *Gas-, Flüssigkeiten- und Schüttgutlager* findet man bevorzugt in der chemischen Industrie und Montanindustrie.

Das *Stückgutlager* unterscheidet sich grundsätzlich von den vorgenannten Lagersystemen, weil hierbei mit einzelnen, *diskreten* Gütern, den sog. Ladeeinheiten (LE), umgegangen wird. Sofern gasförmiges, flüssiges oder loses Lagergut in umschlossenen Behältern gelagert und gehandhabt wird, wird auch hierbei von einem Stückgutlager gesprochen. Im Handel werden solche Sortimente beispielsweise unter dem Oberbegriff *Trockensortiment* subsumiert. Das Stückgutlager ist aus logistischer Sicht besonders relevant und wird in den weiteren Ausführungen implizit als Basis angenommen. In Abhängigkeit von Abmessungen und Beschaffenheit des Lagergutes können *Stückgutläger* weiter unterteilt werden in

- Kleinteilelager,
- Sperrgutlager,
- Langgutlager,
- Hängewarenlager,
- Blocklager.

4.1.4   Gliederung nach Ladehilfsmittel

Im *Palettenlager* sind auf das standardisierte Palettenmaß abgestimmte Fachgrößen vorgesehen. Das palettierte Lagergut wird in den Regalen auf Tragbalken (Traversen) oder Regalböden abgestellt. Dabei wird die Palette üblicherweise mittels Teleskopgabel im Fach abgesetzt bzw. aufgenommen. In automatisierten Lagern wird die palettierte Ware manchmal zusätzlich mit einer hochwertigen bzw. mangelfreien Lagerpalette (sog. Mutterpalette) unterpalettiert, um Betriebsstörungen durch beschädigte Paletten zu vermeiden.

Im *Behälterlager* werden Ladehilfsmittel verwendet, die das Lagergut umschließen (z. B. Mehrweg-Kunststoffbehälter, VDA-Normbehälter). Gängigerweise sind die Behälterabmessungen und Ladeeinheitengewichte deutlich niedriger als bei Standard-Paletten. Daraus resultieren höhere Lagerdurchsätze und eine wesentliche höhere Anzahl (unterschiedlicher) Ladeeinheiten im Lagerbereich. (s. Abschn. 4.3).

Im *Tablarlager* wird das Lagergut auf flachen Metall- oder Kunststoffplatten, sog. Tablaren, gelagert. Der schnelle Ein- und Auslagervorgang wird durch spezielle Griffe bzw. Kupplungssysteme an den Tablaren unterstützt.

Schwere, aber gut stapelbare Güter werden meist ohne aufwendige Lagertechnik auf dem Boden gelagert, z. B. in Form eines *Rollenlagers* oder *Coillagers*. Durch die stetig wachsende Bedeutung von Container-Überseeverkehren prägen Containerläger das Erscheinungsbild moderner Seehafenanlagen.

Im *Kassettenlager* werden schmale, lange Gestelle (Kassetten) eingesetzt, um das in den Abmessungen ungenau definierte oder schwer handhabbare Lagergut gut zugänglich zu lagern. Dieser Lagertyp wird oft in der metallverarbeitenden Industrie eingesetzt, z. B. für die Lagerung von Stabmaterial von uneinheitlicher Dicke und Länge. Erfolgt der Zugriff auf die Kassetten von der schmalen Stirnseite her, so spricht man von einem Wabenregal.

4.1.5   Gliederung nach Lagermittel

Die *Bodenlagerung* stellt dabei die aus technischer Sicht einfachste Art der Lagerung dar. Die *Regallagerung* ermöglicht eine bessere Nutzung der Raumhöhe und verbessert den Zugriff auf einzelne Lagereinheiten. Bei der *statischen Regallagerung* verbleiben die Lagereinheiten zwischen Ein- und Auslagerung an ihrem Platz. Hingegen werden die Lagergüter bei *dynamischer Regallagerung* zwischen Ein- und Auslagerung bewegt. Bei der *Lagerung auf Fördermitteln* wird das Fördermittel als Lagermittel benutzt.

Mit zunehmenden Anforderungen an Durchsatz, Volumennutzungsgrad oder Zugriffszeiten steigen naturgemäß auch der Komplexitätsgrad der Lagertechnik sowie die damit verbundenen Investitionen. Die Auswahl der optimalen Lagertechnik ist eine klassische Ingenieursaufgabe, wobei im konkreten Fall die Vor- und Nachteile der jeweiligen Technik abgewogen werden müssen.

4.2 Lagerbauarten

Nachfolgend wird detailliert auf einige technische Ausführungen von Lagertypen eingegangen. Dabei wird die im vorhergehenden Abschnitt vorgestellte Gliederung nach Lagermitteln benutzt.

4.2.1 Bodenlagerung

In Abb. 4.2 sind die drei prinzipiellen Typen von Bodenlägern grafisch dargestellt.

4.2.1.1 Ungestapelte Lagerung

Im einfachsten Fall werden die Ladeeinheiten ungestapelt auf dem Boden gelagert. Wegen des damit verbundenen hohen Flächenverbrauchs ist dieser Fall selten innerhalb geschlossener Gebäude anzutreffen, sondern zumeist in Freilagern mit einer geringen Anzahl unterschiedlicher Artikel.

4.2.1.2 Blocklager

Bei dieser häufigsten Art der Bodenlagerung sind die Ladeeinheiten mehrfach hoch gestapelt und in einem kompakten Block ohne Zwischengänge angeordnet. Die Vorteile sind hohe Flexibilität in Bezug auf Flächenbelegung und Abmessungen der Ladeeinheiten, gute Ausbaufähigkeit und Anpassungsfähigkeit an veränderte Artikelstrukturen. Der Betrieb ist i. d. R. sehr funktionssicher, es sind nur geringe Investitionen in die Lagertechnik erforderlich. Bei gut stapelbaren Ladeeinheiten kann ein sehr guter Volumennutzungsgrad erreicht werden. Nachteilig wirkt sich die schlechte Zugriffsmöglichkeit auf die einzelnen Ladeeinheiten aus, das FIFO-Prinzip (First-In, First-Out) kann nur auf ganze Blöcke angewandt werden, die i. Allg. sortenrein sind. Eine rechnerunterstützte Lagerplatzverwaltung ist bei guter Organisation der Flächenbelegung (z. B. mit markierten Bodenflächen) möglich, die exakte Zuordnung/Verfolgung einzelner Lagereinheiten ist jedoch problematisch. In

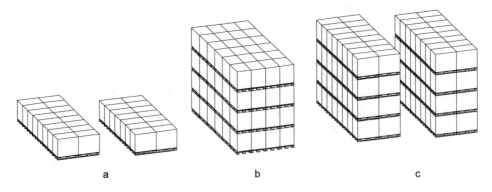

a   b   c

Abb. 4.2 Bodenlagerung

der Praxis werden die Lagereinheiten eines Bodenblockbereichs üblicherweise einem gemeinsamen Lagerort zugeordnet. Bodenblocklager eignen sich besonders dann, wenn nur eine geringe Menge unterschiedlicher Artikel bei großen Mengen je Artikel zu handhaben sind (z. B. große Chargen in der rohstoffverarbeiten den Industrie). Zur Ein-/Auslagerung werden meist Gabelstapler oder Stapelkrane eingesetzt.

4.2.1.3 Zeilenlager

Im Bodenzeilenlager sind die Ladeeinheiten in Lagerzeilen abgestellt, wodurch ein besserer Zugriff auf einzelne Ladeeinheiten als im Blocklager ermöglicht wird. Die zuvor genannten Vor-/Nachteile gelten analog für das Zeilenlager. Der Flächenbedarf ist höher als der eines Blocklagers. Im Unterschied zum Blocklager eignet sich das Zeilenlager für eine größere Anzahl unterschiedlicher Artikel mit kleinen bis mittleren Mengen je Artikel. Als bevorzugtes Beispiel für Bodenzeilenlagerung sind Containerläger in Seehäfen oder Bahnterminals zu nennen. Mit zunehmender Stapelhöhe steigt der Umstapelaufwand überproportional, so dass wahlfreier Zugriff auf einzelne Ladeeinheiten nur innerhalb enger Grenzen möglich ist.

4.2.2 Statische Regallagerung

Bei statischer Regallagerung werden die Ladeeinheiten auf ortsfesten Regalen einfach oder mehrfachtief eingelagert und bis zum Auslagervorgang nicht bewegt.

4.2.2.1 Regallager mit einfach tiefer Belegung

Das klassische Palettenregallager besitzt Lagergestelle mit festen Feldbreiten zwischen den Stützen, die Platz für eine oder mehrere Paletten bieten, wobei die Ladeeinheiten einfach tief eingelagert werden – entweder längs oder quer. Gängige Feldbreiten sind 2,70 m oder 3,60 m, die auf die Maße der Euro-Poolpalette (800 mm × 1200 mm) abgestimmt sind. Die Regalkonstruktion ist zumeist aus Stahlprofilen zusammengesetzt.

Einfach-Regallager werden bis über 40 m Höhe gebaut (Hochregallager), der Zugriff auf die einzelnen Ladeeinheiten ist wahlfrei. Durch den direkten Zugriff und die geometrisch eindeutig bestimmte Position der Ladeeinheit im Regalfach eignet sich dieser Lagertyp ausgesprochen gut für die Automatisierung. Der Volumennutzungsgrad ist jedoch vergleichsweise niedrig, da u. a. zwischen den Regalebenen und -fächern noch ausreichend Platz für eine „reibungslose" Ein-/Auslagerung verbleiben muss, d. h. die Ladeeinheiten müssen ins Lagerfach abgesetzt bzw. aus der Lagerposition gehoben werden. Dazu sollten Toleranzanalysen gemäß FEM-Regeln unter Beachtung der Toleranzen der Ladeeinheiten durchgeführt werden. Die Fachhöhen können i. A. über entsprechende Lochraster in den Stützen flexibel eingestellt werden, um im Falle von stark unterschiedlichen Höhen der Ladeeinheiten das Lagervolumen besser auszunutzen. Abb. 4.3 zeigt ein Einfachregallager schematisch.

Eine weitere Bauform des einfach tiefen Regallagers ist das Behälterregallager. Im Unterschied zum vorgenannten Lagertyp sind die Lagerfächer nun für die Verwendung einheitlicher genormter Behälter als Ladeeinheit ausgerichtet. Aufgrund der geringeren

Abb. 4.3 Regallager,
einfachtief

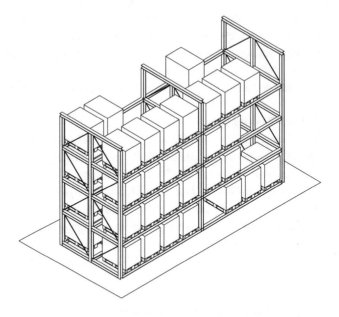

Gewichte müssen die Ladeeinheiten nicht notwendigerweise von oben in das Lagerfach
abgesetzt werden. Daraus resultiert eine Vielzahl von Lastaufnahmeeinrichtungen, welche
die Ladeeinheiten ziehen oder schieben (also reibungsbehaftet ein-/auslagern). Durch die
gute Ladungssicherung und geringere Trägheiten werden auch größere Beschleunigungen
beim Ein- und Auslagern erreicht. Damit sind kurze Spielzeiten realisierbar. Besondere
Bedeutung haben Behälterregallager im unteren bis mittleren Lastbereich bei sog. Automatisierten Kleinteilelagern (AKL). Die AKL-Regalbediengeräte sind sehr leicht gebaut
und werden über Zugmittel oder Reibradantriebe schnell beschleunigt und bewegt. Auf
Grund der hohen Umschlagleistung werden moderne AKL nicht nur als Lager, sondern
auch als Sortierspeicher eingesetzt (s. Abschn. 4.3).

4.2.2.2 Einfahr- und Durchfahrregallager

Das Einfahr- bzw. Durchfahrregallager ist eine Stützenkonstruktion aus Profilelementen,
in die das Flurförderzeug (i. d. R. Gabelstapler) einfahren bzw. hindurchfahren kann. Die
senkrechten Stützen sind mit durchgehenden Quertraversen verbunden, auf denen die
Ladeeinheiten abgestellt werden. Die Quertraversen bilden schmale Gänge, die von hinten
nach vorn aufgefüllt werden. Dabei muss die Last vor dem Einfahren auf das Höhenniveau
der entsprechenden Regalebene angehoben werden. Die Einlagerung beginnt in der obersten Ebene und endet in der untersten Ebene, die Auslagerung in umgekehrter Reihenfolge
(LIFO-Prinzip: Last-In, First-Out). Analog zur Blocklagerung kann auf die Ladeeinheiten
nur sequenziell, also nicht wahlfrei, zugegriffen werden.

Von *Einfahrregalen* spricht man, wenn der Arbeitsgang lediglich von einer Seite befahren wird. An ihrem Ende sind diese Regale durch stabilisierende Querverstrebungen

Abb. 4.4 Durchfahrregal

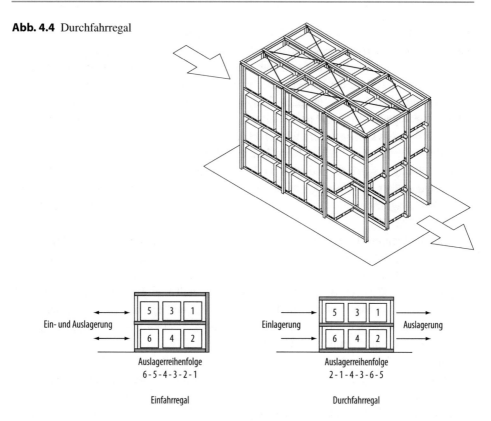

Ein- und Auslagerung

| 5 | 3 | 1 |
| 6 | 4 | 2 |

Auslagerreihenfolge
6-5-4-3-2-1

Einfahrregal

Einlagerung

| 5 | 3 | 1 |
| 6 | 4 | 2 |

Auslagerung

Auslagerreihenfolge
2-1-4-3-6-5

Durchfahrregal

Abb. 4.5 Funktionsprinzip Einfahr- bzw. Durchfahregal

abgeschlossen. Die Ein-/Auslagerung innerhalb einzelner Arbeitsgänge ist ebenfalls nur gemäß LIFO-Prinzip möglich. Eine Einlagertiefe von acht Ladeeinheiten pro Lagerfach hat sich in der Praxis als zweckmäßig erwiesen.

Demgegenüber kann das *Durchfahrregal* von beiden Seiten befahren werden. Die Stützenkonstruktion wird in diesem Fall durch Stahlüberbauten oberhalb der obersten Ebene stabilisiert (Abb. 4.4). Die Auslagerung innerhalb einer Ebene des Arbeitsganges erfolgt nach FIFO (Fist-In, First-Out). In Abb. 4.5 sind die unterschiedlichen Auslagerprinzipien von Einfahr- und Durchfahrregallager schematisch dargestellt.

Einfahr-/Durchfahrregale verbinden Vorteile von Blockstapelung und Regallagerung. Es eignet sich besonders für druckempfindliche Güter, welche keine Blockstapelung zulassen. Auf Grund der sequenziellen Einlagerung eignet sich der Lagertyp nur für Artikel mit größeren Mengen je Sorte und relativ langer Verweildauer im Lager oder als Kurzzeitpuffer, z. B. im Versandbereich. Die Investitionen sind vergleichsweise gering, die erreichbare Flächen- bzw. Raumnutzung ist indessen sehr hoch. Eine Automatisierung ist nur sehr eingeschränkt möglich.

4.2.2.3 Satellitenregallager und Shuttle-Systeme

Ähnlich dem Einfahrregallager besitzt auch das Satellitenregallager Lagerkanäle, in denen die Ladeeinheiten mehrfach tief eingelagert und nach LIFO-Prinzip wieder ausgelagert werden. Der Zugriff auf die Lagerkanäle erfolgt über ein schienengeführtes Regalförderzeug, das innerhalb einer Lagergasse fest installiert ist. Im Regalförderzeug ist anstelle einer Teleskopgabel ein autonomes Fahrzeug mit sehr geringer Bauhöhe – der sog. Satellit – installiert, das sich nach dem Erreichen der x-/z-Koordinate des Lagerfaches von dem Regalförderzeug löst und in das Regalfach einfährt. Das Satellitenfahrzeug ist mit einer Hubeinrichtung ausgerüstet und kann die Ladeeinheiten selbstständig auf- und abladen.

Die Querträger des Regallagers verfügen über zwei horizontale Flächen: Die obere dient als Auflagefläche für die Ladeeinheit, die untere als Lauffläche für das Satellitenfahrzeug (Abb. 4.6).

Das Satellitenregallager vereint die Vorteile von Einfahrregallager (kompakte, raumsparende Lagerung) und Einfachregallager (Automatisierbarkeit, Direktzugriff). Die Stahlkonstruktion der Regalfächer ist jedoch sehr kostenintensiv, da das Satellitenfahrzeug hohe Ansprüche an die Verarbeitungsqualität stellt und pro Lagerfach wesentlich aufwendigere Querträger als bei herkömmlichen Palettenlagern benötigt werden. Sein Einsatz bietet sich immer dann an, wenn ein automatisiertes Lager mit extrem gutem Volumennutzungsgrad benötigt wird, z. B. im Falle eines Kühllagers.

Seit einigen Jahren haben sog. *Shuttle-Systeme*, eine Weiterentwicklung der Satellitenregallager auf dem Markt weite Verbreitung gefunden (s. Abschn. 4.3.1). Wie Satelliten bewegen sich auch Shuttles eigenständig durch ein Regal. Sie sind üblicherweise mit einem Lastaufnahmemittel (LAM) ausgestattet und können die Ladeeinheiten seitlich aufnehmen. Der Vertikaltransport erfolgt über separate Lifte. Durch die Trennung von Horizontal- und Vertikalbewegung ergeben sich vielfältige Gestaltungsmöglichkeiten. Vor allem können diese Systeme zur Erzielung einer sehr hohen Ein-/Auslagerleistung eingesetzt werden. (s. [VDI 2692])

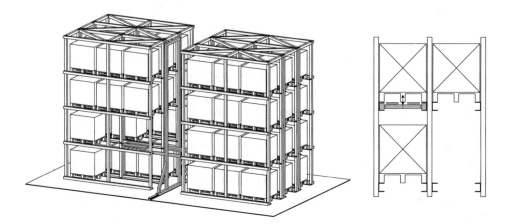

Abb. 4.6 Satellitenregallager

4.2.2.4 Fachbodenregallager

Zur Lagerung von nichtpalettierten Ladeeinheiten werden Lagergestelle mit Fachböden verwendet, das sog. Fachbodenregallager (Abb. 4.7). Dieser Lagertyp wird bevorzugt als Kommissionierlager für Kleinteile eingesetzt (s. Kap. 5). Auf alle Lagerartikel kann direkt zugegriffen werden. Zur Unterteilung der Regalfächer werden dabei fixe oder ggf. verschiebbare Trennwände verwendet. Die Bemessung der Fachregale kann flexibel auf die Lagergüter angepasst werden, sie ist abhängig von der zu lagernden Menge pro Lagerfach, der Umschlaghäufigkeit pro Artikel, der Sortimentsbreite sowie der Raumverfügbarkeit. Fachbodenregalläger werden i. Allg. manuell bedient, in diesem Fall beträgt die Regalhöhe max. 2 m.

Die Greifpositionen in den oberen und unteren Fachreihen sind hierbei sehr ungünstig, daher sollten diese Fächer aus ergonomischen Gründen nicht mit A-Artikeln („Schnelldreher") belegt werden. Bei höheren Regalen werden bewegliche Leitern oder Regalbediengeräte zum Erreichen der oberen Fächer eingesetzt. Zur besseren Nutzung der Bodenfläche werden Fachbodenregale oft zwei- oder dreigeschossig gebaut, d. h. zwischen den Etagen sind Gitterroste eingezogen, auf denen sich das Lagerpersonal bewegen kann. Diese Regalanordnung ist rein für die manuelle Kommissonierung ausgerichtet, mit einem entsprechend hohen Personalbedarf. Sie ist jedoch auch für hohe Umschlagleistungen geeignet. Im Unterschied zu vielen automatisierten Lagerystemen kann bei diesem Lagertyp sehr gut auf stark schwankende Tagesganglinien reagiert werden (flexibler Personaleinsatz). Das Fachbodenregallager ist kaum störanfällig, sehr funktionssicher, die Investitionen sind moderat.

4.2.2.5 Schubladenregallager

Dieser Lagertyp wird zur übersichtlichen und raumsparenden Lagerung von Kleinteilen eingesetzt, oft auch in Kombination mit einem Fachbodenregal. Im Unterschied zum vorgenannten Lagertyp ist jedoch die Facheinteilung der Schubladen weniger flexibel, ansonsten gelten die Vor-und Nachteile des Fachbodenlagers analog für das Schubladenregalläger.

Abb. 4.7 Fachbodenregallager

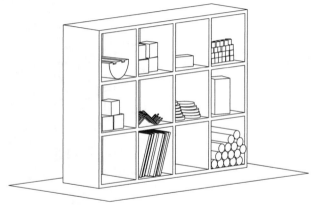

4.2.2.6 Kragarmregallager

Das Kragarmregal eignet sich zur sachgerechten Lagerung von Langgut (Stangenmaterial und Plattenstapel) und wird vorzugsweise in der eisen- oder holzverarbeitenden Industrie eingesetzt. Das Lagergestell ist aus senkrecht angeordneten Mittelstützen mit Ständerfüßen aufgebaut, auf seitlichen Auslegern (Kragarme) wird das Lagergut abgelegt (Abb. 4.8). Dadurch entfällt eine vorgegebene Facheinteilung, je nach Lagergutlänge wird eine entsprechende Anzahl an Kragarmen belegt. Die Länge der Kragarme und der Abstand der Mittelstützen richten sich nach der aufzunehmenden Last. Die Kragarme werden durch Schweiß-, Schraub-, oder Hakenverbindungen an den Mittelstützen befestigt. Je nach Einsatzbereich kommen unterschiedliche Varianten von Kragarmträgern zum Einsatz (z. B. ausziehbare Teleskope, Kragarme mit Abrollschutz für Stangenmaterial). Die Ein-/Auslagerung erfolgt quer zum Regal und wird meist manuell mittels Kran oder Stapler durchgeführt.

4.2.2.7 Wabenregallager

Dieser Lagertyp eignet sich ausschließlich zur Lagerung von Langgut, bevorzugt Stangenmaterial, in kleinen Mengen pro Artikel. Die meisten Ausführungsformen setzen die Verwendung von Langgutkassetten oder -paletten voraus, durch die das Stangenmaterial fixiert wird. Die Aufnahmebehälter werden stirnseitig in Regalfächer eingeschoben. Die Frontalansicht der Regalwand ähnelt optisch einer Bienenwabe, wodurch sich der Name des Lagertyps erklärt. Die Langgutkassetten werden von Regalförderzeugen mit speziellen Lastaufnahmemitteln ein- und ausgelagert. Die Handhabung erfolgt analog zum klassischen Palettenregallager mit Regalförderzeug, allerdings werden die Langgutkassetten in das Fach hineingeschoben. Zudem sind die Regalbediengeräte üblicherweise mit einem Doppellastaufnahmemittel ausgestattet. so dass unmittelbar vor dem Regalfach

Abb. 4.8 Kragarmregallager

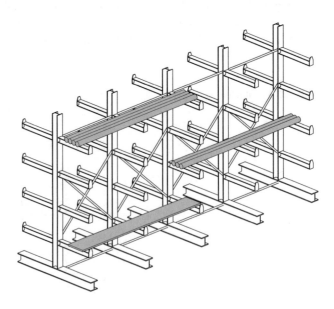

ein Doppelspiel durchgeführt werden kann. Der Lagertyp eignet sich grundsätzlich gut
zur Automatisierung. Die Regalfächer sind meist mit Kunststoff-Gleitelementen zur Rei-
bungsminimierung ausgestattet. Die Umschlagleistung des Regaltyps ist durch das Regalförderzeug begrenzt, daher wird es überwiegend für die raumsparende Lagerung von
langsam drehenden Artikeln eingesetzt.

4.2.2.8 Turmlager (Liftsystem)

Ein Turmlager oder Liftsystem ist eine zusammenhängende Kombination aus Lagergestell, vertikal verfahrbare Ein-/Auslagereinheit und dazugehörigen Lagerwannen (auch:
Trays). Zwischen zwei einander direkt gegenüberliegenden Lagersäulen verfährt vertikal
ein spezielles Lastaufnahmemittel (LAM, s. Abb. 4.9, Pos. 1), das über eine Ziehtechnik
Tablare Pos. 2 zwischen den Lagerfächern und dem Übergabeplatz Pos. 3 bewegt. An
Stelle fester Lagerfächer wird ein Aufnahmeraster für die Tablare mit einem Rastermaß
geschaffen, in das die Tablare eingeschoben werden. Nach Erfassung der LE-Höhe werden
das Tablar eingelagert und die entsprechenden Rasterebenen für weitere Einlagerungen

Abb. 4.9 Liftsystem
(Turmregal)

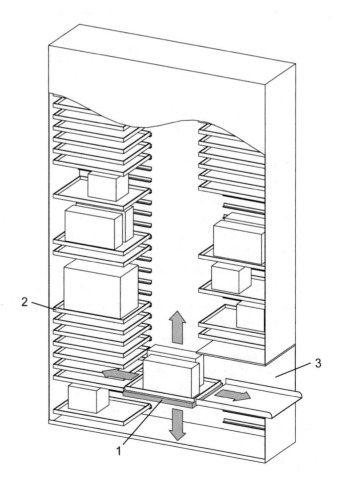

gesperrt. Dies ermöglicht eine Anpassung der Lagerfachhöhen an unterschiedliche Güter und somit eine Volumenoptimierung, insbesondere bei variierenden LE-Höhen.

4.2.3 Dynamische Regallagerung

Bei der dynamischen Regallagerung werden die Ladeeinheiten zwischen Ein- und Auslagervorgang bewegt. Dies kann entweder durch Bewegung der Ladeeinheiten im Regal oder durch Verschiebung der gesamten Regalanlage erfolgen.

4.2.3.1 Durchlaufregallager

Im Durchlaufregallager bewegt sich das Lagergut in einem Regalkanal von der Einlagerseite zur gegenüberliegenden Auslagerseite. Die Regalkanäle sind neben- und übereinander angeordnet, so dass sich eine kompakte, blockförmige Gestellkonstruktion ergibt. In einem Regalkanal wird nur genau eine Artikelart gelagert. Soweit möglich, werden die Abmessungen der Regalkanäle an die Abmessungen der jeweils zugewiesenen Ladeeinheit angepasst.

Die Bewegung innerhalb des Gestells kann entweder durch die Schwerkraft (z. B. Schwerkraft-Rollenbahn oder -Röllchenbahn) oder durch externen Antrieb (z. B. angetriebene Rollenbahn, Ketten- oder Bandförderer) erfolgen. Im erstgenannten Fall wird die Bahn des Regalkanals um 2 bis 8 Grad geneigt. Die Konstruktion der Regale ist durch Steckverbindungen ausgeführt, so dass die Neigung der Bahn ggf. im Betrieb nachjustiert werden kann.

Durchlaufregallager werden gleichermaßen für Paletten und Behälter benutzt. Besonders gut eignen sich Behälter-Durchlaufregallager für Kommissionierbereiche. Um den Zugriff zu erleichtern, wird in diesem Fall an der Entnahmeseite die Regalebene zusätzlich abgewinkelt, so dass die vorderste Ladeeinheit in einem Winkel von bis zu 30 Grad zu den dahinter befindlichen Behältern steht. Zur Be- und Entladung von Paletten-Durchlaufregallägern werden bevorzugt Gabelstapler eingesetzt. Diese haben den Vorteil, dass der Neigungswinkel der Gabel an die Neigung des Regalkanals angepasst werden kann. Bei Paletten-Durchlaufregalen sind Kanallängen von bis zu 40 m bekannt. Bei Behälter-Durchlaufregalen sind die Kanallänge üblicherweise wenige Meter tief. Die wirtschaftlich sinnvolle Kanallänge wird i. d. R. durch die Abmessungen und die spezifische Umschlaghäufigkeit der Artikel festgelegt. Bei Artikeln mit geringer Umschlaghäufigkeit in relativ langen Regalkanälen wird das Volumen nur unzureichend genutzt. Schnelldrehende Artikel müssen ggf. in mehreren Kanälen bevorratet werden, um zu häufiges Nachfüllen oder Fehlmengen zu vermeiden.

Innerhalb eines Regalkanals kann ausschließlich nach FIFO-Prinzip ausgelagert werden. Ein- und Auslagerseite sind räumlich getrennt, damit können auch unterschiedliche Techniken zur Ein- und Auslagerung benutzt werden (z. B. halbautomatische Einlagergeräte auf der einen Seite und manueller Zugriff zur Kommissionierung auf der Auslagerseite). In Abb. 4.10 ist ein schwerkraftgetriebenes Durchlaufregallager abgebildet.

Abb. 4.10 Durchlauf-Regal-
lager

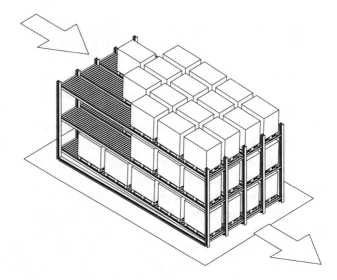

Ein wesentlicher Vorteil des Durchlaufregallagers besteht in dem gut strukturierten Lagerlayout, das durch das Ablaufprinzip bereits fest vorgegeben ist. Bei sortenreiner Lagerung pro Regalkanal ist die Bestandsüberwachung sehr einfach und übersichtlich, der Füllgrad des Lagers ist transparent, das FIFO-Prinzip ist stets gewährleistet. Die Trennung in Einlager- und Auslagerseite ermöglicht eine gute Arbeitsorganisation, effizienten Personaleinsatz und einfache Mechanisierung bzw. Automatisierung. Das Durchlaufregallager eignet sich für hohe Umschlagleistungen und bietet gute Kommissioniermöglichkeiten.

Als Nachteil ist insbesondere die eingeschränkte Anpassungsfähigkeit an geänderte Sortimentsstrukturen zu nennen. Die Regalzeilen können zwar mit geringem Aufwand um zusätzliche Kanäle erweitert werden, doch ist eine Neubelegung bzw. Neueinteilung der Regalkanäle im laufenden Betrieb nur begrenzt möglich. Eine optimale Raumausnutzung setzt voraus, dass die Umschlaghäufigkeiten und die Abmessungen der Lagergüter innerhalb einer Regalzeile relativ einheitlich sind. Die Investitionen und die Störanfälligkeit eines Durchlaufregallagers sind – abhängig von der fördertechnischen Ausstattung – vergleichsweise hoch.

4.2.3.2 Verschieberegallager

Die Lagergestelle des Verschieberegallagers sind auf schienengeführten Unterwagen montiert, mit denen das Regal quer zur Regalrichtung verschoben werden kann. Die Unterwagen sind einzeln angetrieben und nehmen i. d. R. ein Doppelregal (zwei Regalzeilen) auf. Die Regale sind entsprechend den jeweiligen Anforderungen als Fach-, Paletten- oder Kragarmregal ausgeführt. Weil die Doppelregale unmittelbar aneinander angrenzend abgestellt werden, kann ein sehr hoher Volumennutzungsgrad erreicht werden. Vor dem Zugriff auf ein bestimmtes Lagerfach müssen zuerst die benachbarten Regalzeilen verschoben werden, damit eine ausreichend breite Gasse entsteht, in die ein Fördermittel (z. B. Stapler, Kran, Handwagen) einfahren kann. Die Zeit für das Verfahren der Regalblöcke bestimmt im Wesentlichen die Ein-/Auslagerdauer. Mit zunehmender Anzahl an Regalblöcken nimmt die Häufigkeit der Verfahrbewegungen zu. Zur Vermeidung unwirtschaftlicher Wartezeiten ist es daher empfehlenswert, mehrere Regalgänge einzurichten. In der Praxis hat sich ein Verhältnis von ca. acht bis zehn Regalblöcken pro Regalgang bewährt. Meist werden die beiden äußeren Regalblöcke fest installiert, bei größeren Regalanlagen sind darüber hinaus noch weitere Regalblöcke feststehend installiert, um eine Teilung des Lagers und einen sicheren Parallelbetrieb der entstandenen Lagerbereiche zu ermöglichen (Abb. 4.11). Die Bauhöhe dieses Lagertyps wird durch die Traglast des Bodens, der Auslegung des Unterwagens sowie durch die sicherheitstechnischen Vorschriften beschränkt. Auf Grund der Kippgefahr sollte die Bauhöhe des Regals nicht mehr als das Vierfache der Breite eines Regalblocks (Doppelregal) betragen.

Die Vorteile des Verschieberegallagers sind der sehr gute Flächen- und Volumennutzungsgrad sowie die hohe Funktionssicherheit. Gleichzeitig wird das Lagergut innerhalb eines zusammengestellten Blocks gegen äußere Einflüsse und ungefugten Zugriff geschützt. Nachteilig sind der hohe Investitionsaufwand und die langen Zugriffszeiten.

Verschieberegalanlagen eignen sich für mittlere bis große Lasten. Sie werden oft in bereits bestehende Lagergebäude anstelle herkömmlicher Regalanlagen integriert, wenn bauseits keine Erweiterungsmöglichkeiten bestehen und die Anzahl der zu lagernden Artikel sehr groß im Verhältnis zur Umschlagshäufigkeit ist (sog. Langsamdreher).

4.2.3.3 Einschubregallager
Das Einschubregallager ermöglicht eine ähnlich gute Raumausnutzung wie das Verschieberegallager. Es besteht aus hintereinander angeordneten Doppelregalen, die längs

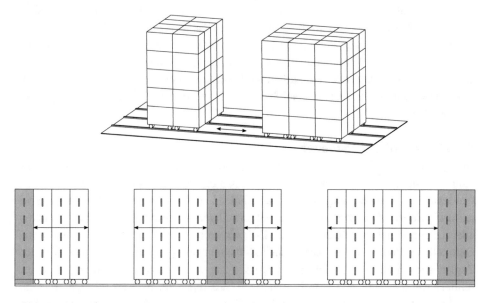

Abb. 4.11 Verschieberegallager

Abb. 4.12 Einschubregallager

zur Ausrichtung der Regale herausgezogen werden können (Abb. 4.12). Hierfür sind die Regale an der Unterseite mit Rollen versehen; bei Leichtlastregalen kann die Führung auch durch hängend angebrachte Laufschienen realisiert werden. Einschubregallager werden meist für leichte bis mittelschwere Güter verwendet. Die Umschlagleistung ist nicht sehr hoch, da bei jedem Zugriff die gesamte Masse des Doppelregals bewegt werden muss. Dieser Lagertyp eignet sich für ein sehr großes Artikelspektrum und geringe Abmessungen und Gewichte der Ladeeinheiten und wird z. B. oft in Apotheken eingesetzt.

4.2.3.4 Umlaufregallager

Im Umlaufregallager sind die Regalfelder (i. d. R. Fachböden) an einer angetriebenen, umlaufenden Kette angebracht. Das Lagergut wird nach dem Kommissionierprinzip „Ware zum Bediener" bereitgestellt, d. h. der Kommissionierer arbeitet an einem ortsfesten Arbeitsplatz, während das Regallager umläuft, bis das gewünschte Lagerfach an dem Ein- bzw. Auslagerpunkt bereit steht. Um lange Wartezeiten des Bedienpersonals zu vermeiden, sind i. Allg. zwei bis drei Umlaufregale nebeneinander angeordnet, die parallel von einem Kommissionierer bedient werden. Während der Bediener aus dem einen Regal Ware entnimmt, fährt das danebenstehende Regal bereits zur nächsten anzusteuernden Position [Gud79].

In Abhängigkeit von der Orientierung des Umlaufs kann man prinzipiell zwei Typen von Umlauf-Regallagern unterscheiden:

- Beim *Karussellregallager* laufen die angetriebenen Ketten auf einer ebenen Bahn (Horizontalprinzip). In die Ketten sind Gondeln eingehängt, die wiederum in definierte Fächer unterteilt sind (Abb. 4.13).
- Beim *Paternosterregallager* laufen die Regalfächer auf einer senkrechten Umlaufbahn (Vertikalprinzip). Paternosteranlagen werden meist für die Lagerung von Kleinteilen verwendet, die auf den *Wannen* (analog Fachböden) mittels Kleinbehältern gelagert werden. (Abb. 4.14)

Der Zugriff erfolgt in beiden Fällen manuell. Zur Realisierung von kurzen Zugriffszeiten werden die Umläufe des Regals durch eine optimierte Fachvorwahl gesteuert. Dabei wird die Reihenfolge der Kommissionieraufträge entsprechend der Position der Artikel im Umlaufregal bestimmt.

Abb. 4.13 Umlaufregallager: Karussellregallager

Abb. 4.14 Umlaufregallager: Paternosterregallager

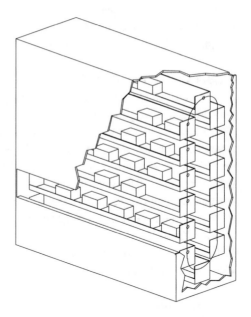

Die Bewirtschaftung des Umlauflagers ist nicht personalintensiv (Prinzip „Ware zum Bediener"). Am gleichen Arbeitsplatz kann sowohl die Ein- als auch die Auslagerung der Ware durchgeführt werden. Durch den flexiblen Mix aus Ein- und Auslagertätigkeiten kann der Kommissionierer innerhalb gewisser Grenzen die Kapazitätsschwankungen der Kommissionieraufträge ausgleichen. Weitere Vorteile sind die hohe Umschlagleistung und Raumausnutzung. Zudem bietet das räumlich abgeschlossene Umlauflager eine Schutzfunktion gegen unbefugten Zugriff auf die Ware.

Der hohe Mechanisierungsgrad dieses Lagertyps wirkt sich allerdings nachteilig auf die Flexibilität aus. Die Anpassungsfähigkeit an eine Änderung der Sortimentsstruktur und eine schwankende Tagesganglinie ist sehr gering. Spitzenwerte beim Auftragseingang können nicht wie bei konventionellen Lagern durch Zusatzpersonal kompensiert werden, d. h. das Umlauflager ist für Eilaufträge und schwankende Umschlagleistungen ungeeignet. Eine Erweiterung bestehender Anlagen ist nicht problemlos möglich. Die Investitionen und Wartungskosten sind hoch.

Umlaufläger werden bevorzugt eingesetzt bei kontinuierlichem Auftragseingang ohne Leistungsspitzen, geringen bis mittleren Eigengewichten der Waren, großer Sortimentsbreite und hohen spezifischen Personalkosten.

4.2.4 Lagerung auf Fördermitteln

Bei der Lagerung auf Fördermitteln handelt es sich weniger um klassisches Lagern, sondern vielmehr um ein Speichern oder Puffern. Technische Erläuterungen zu den Fördermitteln sind in Kap. 1 nachzulesen. Zur Vollständigkeit werden an dieser Stelle nur die unterschiedlichen Möglichkeiten der Lagerung auf Fördermitteln aufgeführt und systematisiert.

- Lagerung auf Stetigförderern:
  - Staurollenbahn,
  - Staukettenförderer,
  - Schleppkreisförderer (Power-and-Free),
- Lagerung auf Unstetigförderern:
  - Elektrohängebahn,
  - Lkw-Anhänger,
  - FFZ-Anhänger.

4.3 Kleinteilelager

Ein Kleinteilelager ist ein Lager für Lagereinheiten (oder Ladeeinheiten, Abkürzung: LE) mit einem kleinen Volumen oder einem geringen Gewicht. Oft ist die LE ein mit Artikeln gefülltes Ladehilfsmittel (LHM). Als LHM werden typischerweise Behälter, Tablare, Kartons oder Kästen eingesetzt. Die LHM werden für die bessere Handhabung der Lagerartikel verwendet. Kleinteilelager sind bspw. Fachbodenregallager, Behälterdurchlauflager, Karussell-Lager, Paternosterlager und Automatische Kleinteilelager (AKL) [tHo08].

Die Kleinteilelager können nach dem Automatisierungsgrad unterteilt werden (siehe Abb. 4.15). Es gibt die manuellen, die halbautomatisierten und die vollautomatisierten Kleinteilelager. In einem manuellen Kleinteilelager lagert ein Lagerarbeiter die LE ein oder aus. Das geschieht von Hand oder mit Unterstützung durch eine Maschine. Für ein manuelles Lager können bspw. Fachbodenregallager verwendet werden.

In einem halbautomatisierten Lager wird der benötigte Artikel bzw. die LE mit dem Artikel zum Lagerarbeiter bewegt (Ware-zu-Mann-Prinzip). Der Lagerarbeiter wählt an

Abb. 4.15 Automatisierungsgrad Kleinteilelager

Abb. 4.16 Vertikalumlaufregallager.
(Quelle: Büro- und Lagersysteme Hänel
GmbH & Co. KG)

einem Bedienterminal ein Fach aus oder bewegt den Artikel, die LE oder das Regal mittels
Bedientasten. Das Regal dreht sich daraufhin zur gewünschten Position oder transportiert den Artikel zum Bediener. Der Lagerarbeiter kann dann die gewünschte LE oder die
gewünschte Menge des Lagerartikels aus dem LHM entnehmen. Zu den halbautomatisierten Lagern gehören u.a. Horizontalumlauflager, Vertikalumlauflager (Abb. 4.16) und
Regallager mit Lift oder Hubbalkengerät.

Vollautomatisierte Lager werden auch automatische Kleinteilelager (AKL) genannt.
Diese zeichnen sich dadurch aus, dass eine Handhabungsmaschine den Transport der LE
im Lager vollautomatisch durchführt. Für die Einlagerung wird eine LE am Einlager-
punkt abgegeben. Diese wird anschließend von der Handhabungsmaschine aufgenommen,
zum Lagerplatz transportiert und eingelagert. Zu den Handhabungsmaschinen für ein AKL
gehören schienengeführte Regalbediengeräte (Mast- oder Hubbalkengeräte) und Fahrzeuge (Shuttle) [tHo08]. Im Folgenden werden die AKL genauer beschrieben.

Abb. 4.17 Regalfachtiefe

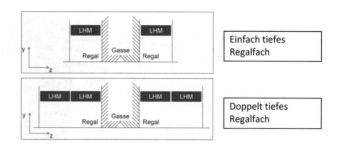

4.3.1   Automatische Kleinteilelager (AKL)

Ein Automatisches Kleinteilelager ist ein System zum automatischen Lagern von Lagereinheiten mit kleinem Volumen oder geringem Gewicht. Das System besteht aus dem Regal, der Handhabungsmaschine und der Vorzone.

Das Regal dient zur Ablage der LE. Der Aufbau der Fächer hängt vom Lastaufnahmemittel (LAM) ab. Beispielsweise werden für ziehende LAM oft Fachbodenregale und für aushebende LAM Regale mit Auflagewinkeln verwendet. Regale werden danach unterschieden, wie viele LE in Z-Richtung hintereinander in ein Regalfach eingelagert werden können, Abb. 4.17. Wenn eine LE auf einen Lagerplatz gestellt werden kann, wird das Fach „einfach tief" genannt. Wenn mehrere LE hintereinander in ein Fach eingelagert werden können, wird dies „mehrfach tief" genannt. Die häufigste Form ist bei den mehrfach tiefen Regalen „doppelt tief" . Die Lücke zwischen beiden Regalseiten wird Regalgasse oder Gasse genannt. Hier bewegen sich die Handhabungsmaschinen.

In der Vorzone (siehe Abb. 4.18) des AKL werden die LE der Handhabungsmaschine zugeführt oder von ihr übernommen. Hierfür wird meist Fördertechnik verwendet. Bei mehrfach tiefen LAM werden hier die LE, wenn möglich, zusammengefasst, um sie in Gruppen an das LAM zu übergeben. Bei Fahrzeug- oder Shuttlesystemen sind in der Vorzone zusätzlich die Vertikalförderer untergebracht. Diese transportieren die LE und/ oder die Shuttles zwischen den verschiedenen Ebenen des Lagers. Bei den Handhabungsmaschinen (Abb. 4.19) werden hier die Hubbalkengeräte, die Regalbediengeräte und die Fahrzeug- oder Shuttle-Systeme (im Folgenden Shuttle-Systeme genannt) unterschieden.

4.3.1.1 Hubbalkensystem

Hubbalkengeräte bestehen meistens aus zwei feststehenden Hub- und Führungseinheiten (im Folgenden Hubeinheiten genannt), einem horizontalen Balken, einem Fahrwagen und einem oder mehreren LAM, Abb. 4.20. Mit den Hubeinheiten wird der Balken in vertikaler Richtung bewegt und geführt. Auf dem Hubbalken wird der Fahrschlitten geführt, der die horizontale Bewegung entlang des Hubbalkens durchführt. Das oder die LAM befinden sich auf dem Fahrschlitten und dienen der Lastaufnahme und -abgabe in Richtung der Z-Achse. Verwendet werden die Hubbalkensysteme für Lager mit hohem Durchsatz und niedriger Lagerkapazität.

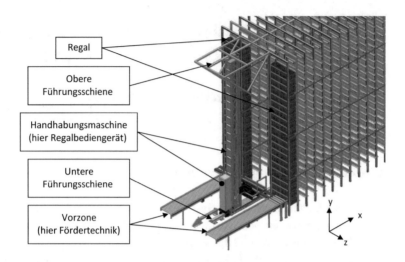

Abb. 4.18 Bestandteile eines Automatischen Kleinteilelagers. (Quelle: viastore systems GmbH)

Abb. 4.19 Aufteilung
Handhabungsgeräte

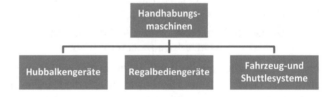

Abb. 4.20 Hubbalkensystem.
(Quelle: viastore systems
GmbH)

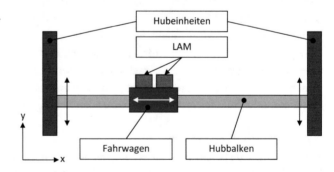

4.3.1.2 Shuttle-System

Beim **Shuttle-System** handelt es sich um ein automatisches Lagersystem mit fahrerlosen
Fahrzeugen. Es ist ein Fahrzeug mit integriertem LAM, das auf Traversen des Regals
fährt. Durch diese Traversen kann sich das Shuttle in einer Ebene des Regals entlang der
X-Richtung bewegen, s. Abb. 4.21. Es kann nicht selbstständig die Ebene wechseln.

Unterteilt werden Shuttle-Systeme in „ebenengebundene" und „ebenenungebundene"
Shuttle-Systeme. Wenn ein Shuttle ebenengebunden ist, ist es für eine Regalreihe zuständig. Ebenenungebunden ist ein Shuttle, wenn es mit Hilfe des Vertikalförderers in eine

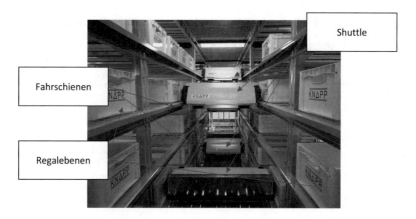

Abb. 4.21 Fahrzeug- bzw. Shuttlesystem. (Foto: Knapp AG)

andere Regalebene wechseln kann. Zur Energieversorgung werden für Shuttles entweder Schleifleitungen, Kondensator-, Akkutechnik oder deren Kombination eingesetzt. Die Fahrbewegung führen sie entweder durch angetriebene Laufräder oder mittels Omegaantrieb (Beschreibung siehe formschlüssige Antriebssysteme) aus. Die LAM für Shuttles funktionieren nach dem gleichen Prinzip wie die im Abschn. 4.3.4 beschriebenen LAM. Üblicherweise werden einfach tiefe LAM zur doppelt tiefen Lagerung eingesetzt.

Die **Regalbediengeräte** werden im nächsten Abschnitt betrachtet.

4.3.2   Berechnung der Materialflussleistung

Die Materialflussleistung gibt an, wie viele Transportvorgänge in einem definierten Zeitraum von dem betrachteten System durchgeführt werden können. Die Berechnung der Materialflussleistung für Regalbediengeräte erfolgt mittels FEM-Richtlinie 9851 „Leistungsnachweis für Regalbediengeräte – Spielzeiten", s. Tab. 4.1. Die Hubbalkengeräte werden in Anlehnung an diese FEM-Richtlinie berechnet. Die Materialflussleistung von Shuttle-Systemen wird wegen der komplexen Wechselwirkungen häufig mittels Simulation ermittelt (s. auch: FEM 9.860).

4.3.3   Regalbediengerät – Konstruktion

Das RBG lässt sich in die Hauptbaugruppen Fahrwerk, Mast, Hubwagen und LAM einteilen. Es bewegt sich auf einer Fahrschiene, die gleichzeitig eine Führungsfunktion ausfüllt. An der Gassendecke ist eine Führungsschiene angebracht, welche der Führung in X-Richtung dient. An dieser Schiene laufen seitliche Führungsrollen. Diese sind in Abb. 4.22 dargestellt.

Das RBG bewegt sich mit dem Fahrwerk entlang der X-Achse in der Gasse. Der Hubwagen wird am Mast geführt und kann sich in Richtung der Y-Achse bewegen. Er trägt das

Tab. 4.1 Exemplarische Spielzeiten AKL mit verschiedenen Lastaufnahmemitteln

	AKL (schnell) mit Teleskop-riemenförderer	AKL (schnell) mit Riemenzug-förderer	AKL (langsam) mit Teleskoprie-menförderer	AKL (langsam) mit Riemenzug-förderer
Fahrgeschwin-digkeit [m/s]	6	6	4	4
Fahrbeschleuni-gung [m/s^2]	3	3	1,5	1,5
Hubgeschwin-digkeit [m/s]	3	3	1,5	1,5
Hubbeschleuni-gung [m/s^2]	3	3	1,5	1,5
Ausfahrweg LAM [mm]	755	1200	755	1200
Einzelspiele Einlagern pro Stunde (ESP-E/h)	144	175	131	154
Einzelspiele Auslagern pro Stunde (ESP-A/h)	77	96	71	86
Doppelspiele pro Stunde (DSP/h)	63	79	58	71

Abb. 4.22 Hauptbaugruppen Regalbediengeräte [Arn08]

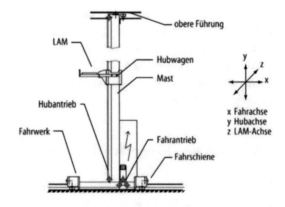

LAM, das für Bewegungen in Z-Richtung zuständig ist. Dieses kann LE aus dem Regalfach greifen oder diese dort ablegen.

4.3.3.1 Mast

Grundsätzlich gibt es RBGs mit einem oder zwei Masten. Bei Zweimastgeräten ist die Biegebelastung auf den Hubwagen geringer, weil dieser beidseitig aufgehängt ist. Aus diesem Grund ist auch Belastung durch den Hubwagen auf die Führungsflächen des Masts geringer. Die Belastung der Verbindung zwischen Mast und Fahrwerk ist bei einem Zweimaster besser verteilt als bei einem Einmaster. Der Materialeinsatz ist für die zwei Masten meist höher als bei einem Einmaster.

Aktuell gibt es bei den Masten drei verbreitete Aufbauformen (Abb. 4.23). Hier werden sie in Rohrkonstruktion, Profilkonstruktion und Gitterrohrkonstruktion unterschieden. Die Rohrkonstruktion zeichnet sich dadurch aus, dass der Mastkörper aus einem Rohr besteht, an dem die Laufschienen zur Führung des Hubwagens angefügt sind (bspw. Schweißen oder Kleben). Das Rohr gibt dem Mast eine gute Torsionssteife. Zur Reduzierung des Gewichts können Löcher in das Rohr geschnitten werden, wodurch sich aber auch die Torsionssteifigkeit reduziert.

Die Profilkonstruktion lässt sich grob in drei Teile unterteilen. Dem Fahr- und Führungsteil, dem Schubträgerteil und dem Tragteil. Der Fahr- und Führungsteil nimmt die Rollenkräfte des Hubwagens auf und führt diesen in senkrechter Richtung. Der Tragteil liegt auf der Rückseite des Mastes, erfüllt Tragfunktionen und bietet Befestigungsmöglichkeiten für die Anbauteile an den Mast. Der Schubträgerteil überträgt die Kräfte zwischen dem Fahr- und Führungsteil und dem Tragteil. Die Materialstärke kann meist für die jeweiligen Teile und deren Belastungen angepasst werden. Dadurch können der Materialeinsatz und das Gewicht optimiert werden.

Bei einer Gitterrohrkonstruktion wird der Mast aus vielen Balkenelementen aufgebaut. Dadurch kann der Materialeinsatz genau in den Kraftfluss des Gerätes gelegt und das Gewicht reduziert werden. Die Profile werden mit Verbindungselementen zusammengefügt. Der Fügeaufwand ist für die Gitterrohrkonstruktion groß.

Für RBGs werden meist Stahl, Aluminium oder Verbundwerkstoffe verwendet. Für die einzelnen kleinen Komponenten wird Kohlefaser eingesetzt. Es existieren bereits

Abb. 4.23 Konstruktionsprinzipien Mast RBG [Quelle rechtes Bild: Liebherr-International Deutschland GmbH]

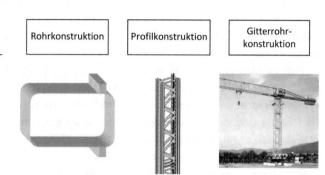

Abb. 4.24 CFK-Mast Regalbediengerät.
(Quelle: Lehrstuhl für Fördertechnik Materialfluss und Logistik, TU München)

Prototypen von Masten aus Kohlefaser. Der in Abb. 4.24 dargestellte Prototyp ist in einer
Kooperation des Lehrstuhl für Fördertechnik Materialfluss und Logistik der TU München
und viastore systems GmbH entstanden und wurde am Materialflusskongress 2014 ausge-
stellt. Aus wirtschaftlichen Gründen wird Kohlefaser aktuell jedoch noch nicht für Mast-
konstruktionen verwendet.

4.3.3.2 Fahrwerk

Das Fahrwerk überträgt die Kraft vom Mast auf die Schiene. Als Laufrollen werden
die von oben aufliegenden Rollen bezeichnet. Die Laufrollen sind teilweise angetrieben. Die von unten eingreifenden Rollen werden Gegendruckrollen genannt, Abb. 4.25.
Diese verhindern das Abheben der Laufrollen von der Führungsschiene bei Beschleu-
nigungsvorgängen. Die Rollen für die horizontale Führung des Fahrwerks werden Führungsrollen genannt. Mit den Führungsrollen wird das Fahrwerk an der Fahrschiene
ausgerichtet.

Die Fahrbewegung wird vom Fahrantrieb oder den Fahrantrieben erzeugt. Die
Systeme werden in formschlüssige und kraftschlüssige bzw. reibschlüssige Antriebssysteme unterteilt. Des Weiteren wird unterschieden, ob die Fahrantriebe stationär oder
mitfahrend sind und ob das RBG unten oder unten und oben angetrieben wird. Bei
einem unten angetriebenen RBG muss die Tragstruktur (Fahrwerk und Mast) die aus-
ragenden Kräfte aufnehmen und der Mast neigt zum Schwingen. Bei einem zusätzlichen oberen Antrieb werden die Antriebskräfte verteilt und dadurch das Schwingen

Abb. 4.25 Fahrwerk Rollen-
anordnung. (Quelle: viastore
systems GmbH)

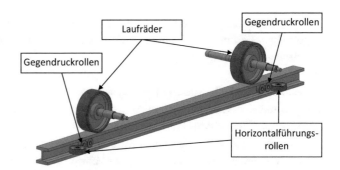

reduziert. Bei einem oberen Antrieb ist bei der Regalauslegung darauf zu achten, dass in die Regalkonstruktion zusätzlich zu den statischen auch dynamische Kräfte eingeleitet werden. In der Praxis werden für die Verbindung zwischen oberen und unteren Antrieben Kardanwellen oder sog. elektrische Wellen verwendet. Bei der elektrischen Welle wird die mechanische Verbindung zwischen den Antrieben durch eine geregelte Schaltungsverknüpfung ersetzt. Dadurch kann das Material für die Kardanwelle eingespart werden.

4.3.3.3 Formschlüssige Antriebssysteme

Zu den formschlüssigen Antriebssystemen gehören die Zahnriemensysteme und die Zahnstangensysteme. Oft wird als Zahnriementrieb der sog. Omegaantrieb verwendet. Bei diesem ist ein Zahnriemen entlang der Fahrschiene verlegt. An diesem Zahnriemen zieht sich das RBG entlang. Der Zahnriemen wird dafür wie in Abb. 4.26 zu sehen über die unteren Umlenkrollen auf die obere, angetriebene Zahnriemenscheibe gelenkt. Wegen seines Aussehens wird dieses System „Omegaantrieb" genannt. Zahnriemen werden auch bei einem RBG mit stationärem Fahrantrieb eingesetzt.

Abb. 4.26 Fahrwerk Omegaantrieb Rol-
lenanordnung [Arn08]

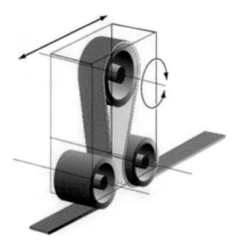

Beim Zahnstangensystem ist eine Zahnstange entlang der Fahrschiene verbaut. Ein angetriebenes Zahnrad greift in diese Zahnstange ein und erzeugt durch die Drehung die Fortbewegung entlang der Zahnstange.

4.3.3.4 Kraftschlüssige Antriebssysteme

Bei den meisten kraftschlüssigen Antriebssystemen werden ein oder mehrere Laufräder angetrieben. Eine andere Form der reibschlüssigen Antriebssysteme ist der „senkrechte Stegantrieb", Abb. 4.27. Für dieses System werden meist zwei Antriebsräder verwendet. Diese klemmen den senkrechten Steg der Fahrschiene zwischen sich ein und erzeugen so die zum Antreiben benötigte Reibung. Durch diese Anordnung ist die Antriebsfunktion von der Tragfunktion der Laufräder getrennt, und es können sehr hohe Beschleunigungswerte erreicht werden. Die Anforderungen an die Fahrschienen und deren Stege sind deutlich höher als bei einem Fahrwerk mit angetriebenen Laufrädern. Der senkrechte Stegantrieb wird auch für Antriebe am Mastkopf eingesetzt.

Bei einem kraftschlüssigen Antriebssystem mit angetriebenen Laufrädern können höhere Beschleunigungswerte erreicht werden, wenn beide Laufräder angetrieben sind. Die Verbindung der Laufräder kann durch die schon beschriebene elektrische Welle, eine Kardanwelle oder durch einen Riementrieb realisiert werden, Abb. 4.28.

Je nach Beschleunigung des RBG werden unterschiedliche Materialien für die Lauf und Antriebsräder verwendet. Die eingesetzten Materialien sind z. B. Stahl bei geringen Beschleunigungen und Elastomere bei hohen Beschleunigungen.

Abb. 4.27 Fahrwerk senkrechter Stegantrieb. (Quelle: viastore systems GmbH)

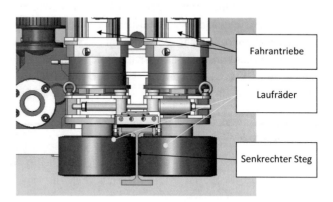

Fahrantriebe

Laufräder

Senkrechter Steg

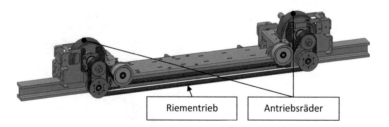

Riementrieb   Antriebsräder

Abb. 4.28 Fahrwerk 2-Rad-Reibradantrieb. (Quelle: viastore systems GmbH)

4.3.3.5 Hubwagen

Der Hubwagen hat die Funktion, das LAM zu tragen und am Mast zu führen. Dabei kann sich der Hubwagen senkrecht am Mast auf und ab bewegen. Um den Hubwagen am Mast zu bewegen, werden Seiltriebe, Kettentriebe und Riementriebe verwendet. Weit verbreitet sind Riementriebe mit umlaufenden geschlossenen Riemen, Abb. 4.29. Dieser wird von einem Hubwerksantrieb angetrieben. Seiltriebe sind oft als offenes System ausgeführt. Dabei wird das Seil beim Heben auf die Seiltrommel aufgewickelt.

Der Hubwagen kann für ein oder mehrere LAM ausgelegt sein. Mehrere LAM auf einen Hubwagen werden verwendet, um die Materialflussleistung des RBG zu erhöhen.

4.3.4   Lastaufnahmemittel

Das LAM hat die Funktion und Aufgabe, beidseitig die LE aus dem Lagerfach aus- oder in das Lagerfach einzulagern. Es führt dabei die Bewegung in Richtung der Z-Achse aus. Die LAM können nach der Anzahl der LE, die sie aufnehmen können, und der Technik, wie sie die LE greifen, eingeteilt werden.

4.3.4.1 Anzahl der Ladeeinheiten auf dem Lastaufnahmemittel

Es gibt LAM, die eine LE transportieren können, und es gibt LAM, die mehrere LE transportieren können. Wenn ein LAM eine LE aufnehmen kann, wird es als einfach breit (tief) bezeichnet. Bei einem doppelt breiten (tiefen) oder mehrfach breiten (tiefen) LAM kann es zwei oder mehr LE gleichzeitig transportieren (siehe Abb. 4.30). Die LE werden dann meistens nebeneinander in Richtung der Z-Achse transportiert. Dadurch werden die Materialflussleistung des RBG und die Anzahl der Lagerplätze für das RBG gesteigert. Gleichzeitig nimmt der Volumennutzungsgrad auf Grund der breiteren Gasse ab.

Am Markt gibt es auch LAM, die unterschiedlichste Kombinationen von Ladeeinheitsgrößen transportieren können. Beispielsweise können auf einem LAM entweder zwei LE mit den Abmessungen (LxB) 600 × 400 mm oder eine LE mit 600 × 400 mm und zwei LE mit 400 × 300 mm oder vier LE mit 400 × 300 mm aufgenommen werden. Für diese Kombinationen gibt es keine einheitlichen Bezeichnungen.

Abb. 4.29 Hubwerk umlaufender Riementrieb [Arn08]

Abb. 4.30 Gassenbreite

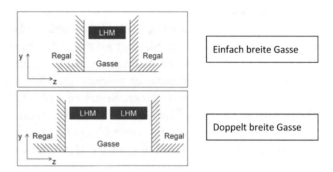

4.3.4.2 Greiftechnik Lastaufnahmemittel

Grob werden LAM in ziehende und aushebende LAM eingeteilt. Bei ziehenden LAM wird die LE aus dem Lagerfach gezogen und bei aushebenden wird die LE erst angehoben und anschließend transportiert.

4.3.4.3 Ziehende Lastaufnahmemittel

Bei den ziehenden LAM gibt es unter anderem die Bolzentechnik (Abb. 4.31), die Fingertechnik, die Klemmtechnik und die Greif- und Klammertechnik. Für ziehende LAM können Fachbodenregale und Regale mit Winkelauflagen eingesetzt werden.

Die Bolzentechnik wird sehr häufig bei Tablarlagern eingesetzt. Auf dem LAM sind seitlich zwei horizontal umlaufende Kettentriebe mit Ziehbolzen verbaut. Die Tablare verfügen auf den Stirnseiten jeweils über eine Griffleiste. Die Bolzen werden in diese Griffleisten eingefahren und das Tablar aus dem Fach heraus gezogen oder hinein geschoben. Dieses System ist sehr robust und kann auch für schwerere Lasten (300 kg) eingesetzt werden. Diese Technik kann nur bei einfach tiefen LAM verwendet werden.

An einem LAM mit Klemmriementechnik sind seitlich zwei horizontal umlaufende Riementriebe verbaut, Abb. 4.32. Beim Auslagern werden diese ausgefahren, bis eine ausreichende Überdeckung mit der LE besteht. Anschließend wird die LE zwischen den Riemen eingeklemmt und mit synchronem Einfahren und Betätigen des Riementriebs auf das LAM gezogen. Mit dieser Technik ist eine sehr dichte Lagerung von Behältern, Kartons und Tablaren der gleichen Abmessungen möglich.

Ein LAM mit Greif- oder Klammertechnik ist mit Greifbacken ausgestattet, Abb. 4.33. Diese können mit einem Ketten- oder Riementrieb in Z-Richtung bewegt werden. Für eine Auslagerung werden die Greifbacken ausgefahren. Dann fahren sie in die Nuten der LE ein und ziehen dadurch die LE auf das LAM. Diese Technik wird für einfach tiefe Lagerung von Behältern und Tablaren mit gleichen Abmessungen eingesetzt. Wie bei der Klemmriementechnik kann hier sehr dicht gelagert werden.

Eine weitere Ziehtechnik für LAM ist die Fingertechnik (Abb. 4.34). Dafür sind an den beiden Seitenwänden des LAM jeweils mindestens zwei ausklappbare „Finger" verbaut. Die Seitenwände können in beide Richtungen der Z-Achse ein und ausgefahren werden. Um eine LE auszulagern, werden die Seitenwände des LAM mit eingeklappten

Abb. 4.31 Lastaufnahmemittel Bolzentechnik
[Arn08]

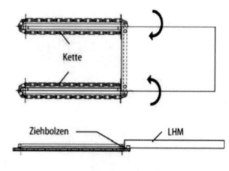

Abb. 4.32 Lastaufnahmemittel Klemmriementechnik. (Quelle: viastore systems
GmbH)

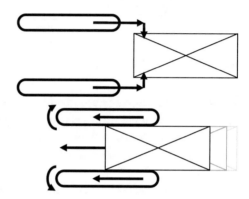

Abb. 4.33 Lastaufnahmemittel Greif- und Klammertechnik [Arn08]

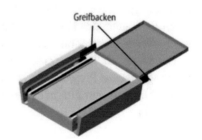

Fingern ausgefahren, bis sich die Finger hinter der LE befinden. Anschließend werden die Finger ausgeklappt und die LE so auf das LAM gezogen. Teilweise kann bei LAM mit Fingertechnik der Abstand der Seitenwände zueinander geändert werden. Dadurch kann man LE mit unterschiedlichen Abmessungen in X-Richtung handhaben. Bei mehr als zwei Fingern pro Seitenwand können unterschiedliche Größen und mehrere LE in Z-Richtung transportiert werden. Um die Handhabung der LE auf dem LAM und die Übergabe an den Ein- und Auslagerpunkten des Lagers zu verbessern, ist das LAM mit einem oder mehreren Riemenförderern ausgestattet. Mit diesem LAM können Behälter und Kartons in unterschiedlichen Abmessungen in X- und Z-Richtung mehrfach tief gehandhabt werden.

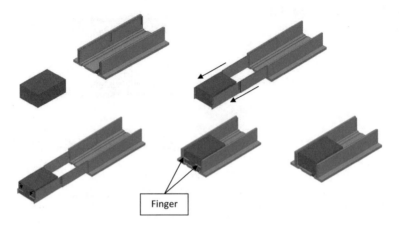

Abb. 4.34 LAM mit Ziehtechnik

4.3.4.4 Aushebende Lastaufnahmemittel

Zu den Techniken der aushebenden LAM gehören die Teleskoptisch-, die Teleskopriemen- und die Riemenzugtechnik. Bei diesen Techniken muss ein Regal verwendet werden, bei dem die LE ausgehoben werden können. Häufig wird ein Regal mit Winkelauflagen verwendet.

Die Teleskoptischtechnik zeichnet sich dadurch aus, dass auf dem LAM ein ausfahrbarer Tisch verbaut ist (Abb. 4.35). Um eine LE zu greifen, wird der Tisch unterhalb der LE in das Regal ausgefahren. Wenn sich der Tisch unter der LE befindet, wird das LAM durch Betätigung des Hubwerks angehoben, und somit auch die LE. Anschließend wird der Tisch eingefahren, bis sich die LE mittig über dem LAM befindet.

Ein LAM mit Teleskopriementechnik verfügt zusätzlich zu dem Teleskoptisch noch über angetriebene Riemen. Das ist in Abb. 4.36 zu sehen. Das LAM ist durch die Riemen bei der Übergabe am Ein- und Auslagerpunkt schneller und es kann die LE auf dem LAM vereinzeln.

Abb. 4.35 Lastaufnahmemittel
Teleskoptechnik

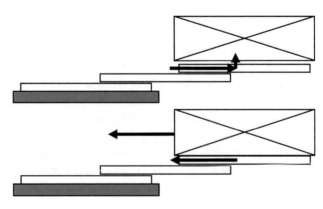

Abb. 4.36 Lastaufnahmemittel Teleskopriementechnik
[Arn08]

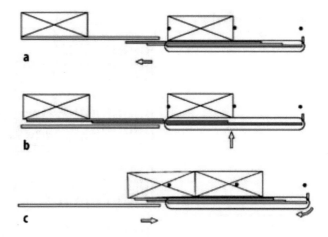

Bei einem LAM mit Riemenzugtechnik sind die Riemenförderer seitlich an dem Tele-skoptisch verbaut. Bei dem Auslagern einer LE aus dem Regal wird der Teleskoptisch unterhalb des Regalfachs ausgefahren. Sobald die hinterste zu greifende LE zu drei Vier-teln unterfahren ist, wird das LAM angehoben und der Riementrieb aktiviert, so dass die LE in Richtung der Gassenmitte transportiert wird. Sobald die LE angehoben ist, wird der Tisch eingezogen. Die Bewegungen sind bei dieser Technik überlagert. Dieses LAM ist sehr schnell in der Lastübernahme und -gabe im Regal und an den Ein- und Auslagerpunkt.

4.3.4.5 Übergabezyklus am Ein- und Auslagerpunkt

Den Vorgang der Aufnahme und/oder Abgabe der LE am Ein- und Auslagerplatz wird Übergabezyklus genannt. Die Übergabe der abzugebenden und aufzunehmenden LE kann sequenziell oder synchron ablaufen. Nicht jedes LAM kann einen synchronen Über-gabezyklus durchführen. Der synchrone Übergabezyklus benötigt im Gegensatz zu dem sequenziellen weniger Zeit. Diese synchrone Arbeitsweise beim Übergabezyklus steigert die Materialflussleistung des AKL.

Die synchrone Abgabe und Aufnahme von jeweils einer LE wird Duo- oder Zweifach-zyklus genannt. Bei doppelt tiefen LAM und doppelt tiefen Regalen können gleichzeitig zwei LE abgegeben und zwei LE aufgenommen werden. Dieser Vorgang wird Quattro-oder Vierfachzyklus genannt, Abb. 4.37. Bei insgesamt acht LE wird es als Octo- oder Achtfachzyklus bezeichnet.

4.4 Tiefkühllager (TK)

Der Markt mit tiefgekühlten Produkten aus den Branchen der Lebensmittel- und Phar-ma-Industrie boomt. So hat sich z. B. der Pro-Kopf-Verbrauch von Tiefkühlkost in den letzten 20 Jahren verdoppelt. Für die sich daraus ergebenden stark gestiegenen Mengen-ströme sind effiziente Prozesse in der gesamten Supply Chain, besonders aber auch in

Abb. 4.37 Quattrozyklus

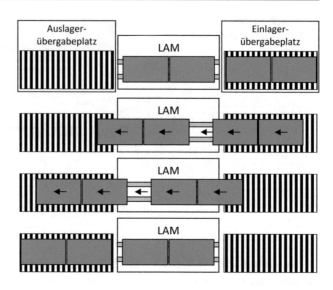

der Intralogistik, zwingend notwendig. Ein Schwerpunkt sind dabei die Lager für diese gekühlten Produkte, sog. Tiefkühllager (TK-Lager). Die Anforderungen an diese temperaturgeführte Lagerung sind sehr hoch: unterbrechungsfreie Kühlkette, kürzeste Durchlaufzeiten, optimierte und qualitätssichernde Abläufe bei minimalen Fehler-Quoten. Diese Vorgaben sind zusätzlich bei extrem schwierigen Arbeitsbedingungen zu erfüllen, denn in Tiefkühllager sind in der Regel Temperaturen von minus 18°C bis zu minus 40°C vorhanden. Das bedeutet hohe Belastungen für die dort arbeitenden Personen. Weiter gewinnen die stark steigenden Energiekosten für den Tiefkühl-Betrieb an Bedeutung. Das sind die wesentlichen Gründe, warum immer mehr Unternehmen in diesen Branchen sich für die Automatisierung ihrer Intralogistik, speziell der Tiefkühllager, interessieren. Vor solch einer Entscheidung muss ein Vergleich zwischen den Alternativen von manueller und automatischer Lagerung im Tiefkühl-Bereich vorgenommen werden.

Dabei stellt sich als erstes die Frage nach den Investitionskosten. Bei den allgemeinen Einsatzfällen der Lagertechnik erfordern Automatiklager meistens höhere Anschaffungskosten. Das ist im Tiefkühlbereich noch ausgeprägter. Der Grund liegt in der speziellen Technik, die erforderlich ist, um ein Lager bei den vorherrschenden tiefen Temperaturen betriebs- und funktionssicher betreiben zu können. Diese technischen Maßnahmen werden im Folgenden kurz erläutert.

4.4.1 Technische Besonderheiten in temperaturgeführten Lager

Bei einem temperaturgeführten Lager müssen sämtliche Komponenten, Antriebe und Steuerungen für den Einsatz der jeweils geforderten Temperaturen geeignet sein. Abhängig vom Anwendungsfall werden Anlagen bis zu minus 40 Grad Celsius realisiert (z. B.

Plasmalagerung). Die Kälteanlage wird dabei so ausgelegt, dass die Ausblastemperatur aus den Verdampfern niedriger ist als die Raumtemperatur. Damit wird eine gleichmäßige Abkühlung der gelagerten Produkte gewährleistet.

Diese Differenz zwischen Ausblastemperatur und Raumtemperatur kann unterschiedlich hoch sein und wird anhand der Eigenschaften der gelagerten Produkte ermittelt (z. B. Geforderte Raumtemperatur von –24°C für Pommes frites entspricht einer Leistungsreserve von 4 Kelvin auf –28°C). Bei der Auswahl der Komponenten ist das zu berücksichtigen.

Lichtschranken und Sensoren müssen in Temperaturübergangsbereichen beheizt sein, damit sie durch Belegung der Oberflächen mit Feuchtigkeit nicht funktionsunfähig werden. Schaltschränke müssen ebenfalls beheizt oder, falls möglich, außerhalb der Tiefkühlzone untergebracht werden. Auch sind passende Öle und Schmierstoffe erforderlich, die auch bei den tiefen Minus-Temperaturen eine ausreichende Viskosität aufweisen, um eine einwandfreie Funktion zu gewährleisten.

Diese technischen Vorkehrungen gelten für alle Einrichtungen im TK-Lager, d. h. für manuelle und automatische Techniken. Allerdings ist der Aufwand für die automatischen Anlagen wesentlich höher.

Die angesprochenen speziellen Maßnahmen für die Einrichtungstechnik sind in Tab. 4.2 übersichtlich dargestellt.

Tab. 4.2 Technische Maßnahmen im Tiefkühlbereich

Logistikeinrichtungen	
Bezeichnung	Maßnahmen
Maschinenkomponenten	• Abdichtungen in Silikon-Ausführung • Sonder-Öle für Getrieben • Sonder-Fette für Lager, Ketten • Antriebselemente (keine pneumatischen und hydraulischen Elemente, Dimensionierung an den Tiefkühlbedingungen angepasst) • Schutz gegen Eisbildung bei Gleit-Systemen
Elektrotechnik	• Beheizte Lichtschranken insbesondere in Übergangsbereichen und Spezial-Initiatoren • Silikon-Kabel • Schaltschränke (beheizt oder Aufstellung außerhalb des TK-Bereiches)
Förderer	• Dehnfugen bei Material-Kombinationen • Gurtförderer (Sondergurte, Steigung unter 15°) • Antirutschbeläge bei Handhabungstechniken
Regalbediengeräte	• Beheizte Kabinen und Schaltschränken • Stromzuführung über Stromschienen • Hydraulikpuffer • Vermeidung von Kabelumlenkungen • Kabel aus TK-tauglichen Material ausgeführt

4.4.2   Systemplanung – Vergleich alternativer Systeme

Die Auswahl der richtigen Lagerform sollte immer durch eine systematische Planung mit fundierten Planungsgrundlagen und über den Vergleich von sinnvollen Alternativen erfolgen. Diese Untersuchung wird im Folgenden am Beispiel eines Musterlagers durchgeführt. Es handelt sich dabei um den Vergleich zwischen einem Musterlager mit den Alternativen von manueller und automatischer Lagertechnik, die auf realisierten Projekten basieren. Diese Musterlager sind Nachschublager für einen Kommissionierbereich. Die Basisdaten sind in Abb. 4.38 aufgeführt.

Auf dieser Basis werden Lagersysteme einerseits für ein automatisches Lager und andererseits ein manuelles Lager entworfen und die notwendigen Lagersystemkomponenten (Stapler, Regalbediengeräte, Regal, Fördertechnik) ermittelt. Für die Bedienung des Lagers wird das notwendige Personal berechnet. Diese Planungen ergeben die Daten in Abb. 4.39.

Dieser erste Vergleich zeigt bereits, dass in entscheidenden Kriterien wie erforderliches Raumvolumen und notwendiges Personal das Automatiklager eindeutige Vorteile besitzt. Diese Vorteile werden weiterhin auch ersichtlich bei der Betrachtung der Investitions- und Betriebs- Kosten (Abb. 4.40 und 4.41). Die Investitionen sind beim automatischen Lager wegen der vollautomatischen zwar höher. Jedoch verändert sich die Situation bei der Betrachtung der Betriebskosten, da die Kosten für Energie und Personal eine bedeutende Rolle spielen. Insbesondere bei Anlagen im Mehrschichtbetrieb und dem dabei erforderlichen Personalbedarf wird der Vorteil bei einer automatischen Lösung noch deutlicher

Der Vergleich zeigt außerdem, dass ein wesentlicher Vorteil des Automatiklagers bereits bei der hier vorgegebenen Lagerkapazität von 6000 Lagerplätzen der erzielbare Lager-Nutzungsgrad ist. Bei höheren Lagerkapazitäten und gleichbleibenden Materialflussbewegungen

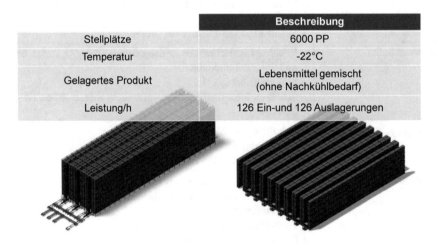

	Beschreibung
Stellplätze	6000 PP
Temperatur	-22°C
Gelagertes Produkt	Lebensmittel gemischt (ohne Nachkühlbedarf)
Leistung/h	126 Ein-und 126 Auslagerungen

Abb. 4.38 Basisdaten der beiden Musterlager

	Automatiklager	Manuelles Lager

Fläche	2.002 m²	3.825 m²
Volumen	37.180 m³	57.375 m³
Anzahl Mitarbeiter	Staplerfahrer 5 Anlagenbetreuer 1 Schichtleiter 1 **Gesamt 7**	Staplerfahrer Vorzone 8 Staplerfahrer HRL 9 Schichtleiter 1 **Gesamt 18**
Anzahl Stapler	5 Stück	9 Stück HRL / 8 Vorzone
Leistung	126 Ein- u.126 Auslagerung Leistung/h Stapler Vorzone: 20% Doppelspiele/h sonst Einzelspiele (Kalkulation in Anlehnung an VDI 2516) 126 DS/h mit 3 RBG (180/60 m/mi.) (gemäß FEM 9.851)	126 Ein- und 126 Auslagerung Leistung/h Stapler Vorzone: 20% Doppelspiele/h sonst Einzelspiele Stapler HRL ohne Gangwechsel (Kalkulation in Anlehnung an VDI 2516)

Abb. 4.39 Vergleich der technischen Daten

	Automatiklager	Manuelles Lager

Höhe	20 m	15 m
Investition Gebäude, Isolierung, TGA…	4,4 Mio. €*	4,9 Mio. €*
Kühltechnik	1,5 Mio. €*	1,5 Mio. €*
Logistikeinrichtungen Stapler, Regale, RBGs, FT	2,42 Mio. €	1,32 Mio. €
IT LVS, MFR, Hardware…	0,13 Mio. €	0,15 Mio. €
SUMME	**8,45 Mio.€**	**7,87 Mio.€**
Differenz:	580 T€	

Abb. 4.40 Investitionen. (Basis: Marktpreise 2016 für allgemeine Techniken. Spezielle Gewerke durch Lieferanten-Angebote)

	Automatiklager	Manuelles Lager
Höhe	20 m	15 m
Mitarbeiter pro Jahr, Lohnkosten	270 T€	655 T€
Energiekosten* pro Jahr	157 T€	260 T€
Wartung u. Instandhaltung Kühltechnik / Logistik pro Jahr	32 T€ (12 T€ Kühl/ 20T€ RBG+Stapler**)	69 T€ (16 T€ Kühl / 53 T€ Stapler)
Summe 1-Schicht	**459 T€**	**984 T€**
Differenz	**525 T€**	
Zusatzkosten Mehrschicht Kosten 1-Schicht zusätzlich	304 T€***	734 T€***

***Annahme:** Preis pro Kilowattstunde 13 cent ****Annahme:** Wartung ohne Support
*****Annahme:** Wartung proportional hochgerechnet

Abb. 4.41 Betriebskosten. (Basis übliche Marktpreise 2016)

würde dieser Vorteil noch deutlicher werden. Der Grund liegt darin, dass diese zusätzlichen Lagerplätze durch Erhöhung der Stapelhöhen, z. B. auf 25 bis 30 m, bei gleicher Grundfläche und Anzahl der Logistik-Komponenten (z. B. RBG) realisiert werden könnten. Das Investitions-Volumen würde sich deshalb auch nur geringfügig erhöhen

Weitere nicht direkt quantifizierbare Vorteile des Automatiklagers sind:

- humanere Arbeitsplatzbedingungen für das Personal,
- (Temperaturbereich von ca. 5°C) im Kommissionierbereich je nach Anwendungsfall möglich,
- niedrigere Energiekosten durch hohen Lagernutzungsgrad,
- Sicherstellung der Kühlkette durch automatische Prozessüberwachung und -steuerung,
- kurze Durchlaufzeiten unter Berücksichtigung der Produktqualität,
- Arbeitsbereich bis –40°C,
- vorteilhafte Energiebilanz,
- kompakte Lagerung,
- kleinerer zu kühlender und umbauter Raum,
- geringere Betriebskosten,
- geringere Flächenkosten,
- kleineres Grundstück,
- höhere Kommissionierqualität,
- Minimierung von temperaturbezogenen Pausenzeiten.

4.4.3 Lagerverwaltung

Ganz gleich, ob manuelles oder automatisches Lager: Grundlage für gesicherte und effiziente Prozesse ist bei beiden Lagertechniken ein geeignetes Warehouse Management System (WMS) mit sämtlichen gängigen Funktionalitäten, Validierungen und Zertifizierungen. Mit diesem WMS lassen sich sämtliche Waren durchgängig über die gesamte Supply Chain verfolgen und dokumentieren. Das ist gerade in der Lebensmittel- oder Pharmabranche ein wichtiger Faktor, um eine hohe Produktqualität zu gewährleisten. Zudem sorgt ein professionelles WMS dafür, dass die Bestände transparent sind und dadurch minimal gehalten werden können.

Das WMS steuert im Automatiklager wie auch in manuellen Anlagen sämtliche Prozesse – im Automatiklager jedoch werden diese von der automatischen Lager- und Fördertechnik ausgeführt. Diese Technik ist weder auf die optische Identifikation von Waren oder Etiketten-Text angewiesen noch wird sie durch die tiefen Temperaturen beeinträchtigt. Das ermöglicht eine minimale Fehlerquote. Im Ergebnis wird dadurch eine bessere Prozess-Qualität bei niedrigeren Kosten angestrebt.

Tab. 4.3 Beurteilung des Einsatzes unterschiedlicher Lagersysteme

Lagerprinzip / Kriterien		Manuell					Automatisch mit RBG			
		Block-lager	Regal-lager	Einfahr-regal	Durchlauf-regal	Kanal-regal	Durchlauf-lager	1-fachtief	2-fachtief	Mehrfachtief (Kanal)
Lagervolumen	Klein (<2000)									
	Gross (>2000)									
Bestand pro Artikel	Klein									
	Gross									
Umschlag	Klein									
	Gross									
FIFO-Prinzip										
Volumenausnutzung										
Prozessreihenfolge										
Automatisierbarkeit										
Strukturelle Restriktionen	Vorh. Gebäude									
	Kleine Fläche									
Humane Arbeitsbedingungen										

Schlecht geeignet   Bedingt geeignet   Gut geeignet

4.4.4 Schlussbemerkung

Im direkten Vergleich zeigt sich also, dass die Investitionskosten bei einem automatischen Tiefkühllager zwar höher sind als bei einem manuell bedienten, diese sich aber aufgrund der geringeren Betriebskosten in kurzer Zeit amortisieren können. Ein entscheidender Vorteil ist der erzielbare Lagernutzungsgrad. Vor allem bei größeren Lagern rentiert sich eine Automatisierung sehr schnell, oft schon im ersten Jahr. Auch bei der Verfügbarkeit und den Arbeitsbedingungen bietet ein automatisches Tiefkühllager wesentliche Vorteile. Diese fallen noch deutlicher aus, wenn in mehreren Schichten gearbeitet wird. Für solch einen Schichtbetrieb in einem Tiefkühllager sind die Zusatzkosten bei automatischer Lagerung um 50% niedriger, als bei manueller Lagerung. Die Gründe dafür sind die geringeren Wartungskosten und der niedrigere Personalbedarf.

Tab. 4.3 zeigt eine Darstellung, in der die verschiedenen Lagersysteme, manuell und automatisch, hinsichtlich ihrer Eignung für die Einsätze im Tiefkühl-Bereich qualitativ beurteilt werden.

Literatur

[Arn02]	Arnold, D.: Materialfluss in Logistiksystemen. Berlin: Springer 2002
[Gud79]	Gudehus, T.: Zur mittleren Spielzeit von Hochregallagern mit Schnellläufer-zone. Fördern und Heben 29 (1979) 9, 840
[tHo08]	M. t. Hompel und V. Heidenblut, Taschenlexikon Logistik, Berlin [u.a.]: Springer, 2006.
[tHSD18]	ten Hompel, M.; Schmidt, T.; Dregger, J.: Materialflusssysteme - Förder- und Lagertechnik, Berlin, Springer, 2018
[Arn08]	Arnold, D: Handbuch Logistik, Berlin: Springer, 2008

Richtlinien

FEM 9.851	: Leistungsnachweis für Regalbediengeräte, Spielzeiten. FEM c/o VDMA Fachgem. Fördertech. Frankfurt/Main 1978
VDI 2411	: Begriffe und Erläuterungen im Förderwesen (1970)
VDI 2690	: Material- und Datenfluß im Bereich von automatisierten Hochregallagern (1994)
VDI 2692	: Shuttle-Systeme für kleine Ladeeinheiten (2015)
VDI 3561	: Testspiele zum Leistungsvergleich und zur Abnahme von Regalförderzeugen (1973)
VDI 3962	: Praxisgerechter DV-Einsatz im automatischen Lager (1995)
FEM 9.860	: Cycle time calculation for automated vehicle storage and retrieval systems, FEM c/0 VDMA, Frankfurt/ain 2017

Kommissioniersysteme

5

Michael ten Hompel, Volker Sadowsky und Sebastian Mühlenbrock

5.1 Einleitung

Die Kommissionierung ist ein Kernelement der Intralogistik und trägt wesentlich zum wirtschaftlichen Erfolg eines logistischen Unternehmens bei. Die zentrale Bedeutung der Kommissionierung zeigt sich in zwei Aspekten. Zum einen ist die Kommissionierung der personalintensivste Bereich innerhalb eines Lagers oder Distributionszentrums und verursacht einen Großteil der Kosten. Zum anderen beeinflussen die Kommissionierabläufe unmittelbar den Servicegrad für den Kunden und somit die Wettbewerbsfähigkeit des Unternehmens. Nur weitgehend fehlerfreie Kommissioniersysteme mit hoher Effizienz können den Anforderungen des Marktes gerecht werden [SAD07].

M. ten Hompel (✉)
Fraunhofer-Institut für Materialfluss und Logistik IML, Joseph-von-Fraunhofer-Straße 2-4, Dortmund, Deutschland
e-mail: michael.ten.hompel@iml.fraunhofer.de

V. Sadowsky
Beumer Maschinenfabrik GmbH & Co KG, Oelderstr. 40, 59267 Beckum, Deutschland
e-mail: vo.sa@beumergroup.com

S. Mühlenbrock
Albonair GmbH, Carlo-Schmid-Allee 1, Dortmund, Deutschland
e-mail: s.muehlenbrock@gmail.com

© Springer-Verlag GmbH Deutschland, ein Teil von Springer Nature 2019
T. Schmidt (Hrsg.), *Innerbetriebliche Logistik*, Fachwissen Logistik,
https://doi.org/10.1007/978-3-662-57930-5_5

5.2 Begriffsdefinitionen

An Unternehmen werden Anforderungen in Form von Kundenbestellungen gestellt. Die Bestellung ist eine Willenserklärung des Kunden, die angeforderte Ware zu den definierten Konditionen vom Lieferanten zu erwerben. Zu diesen Konditionen gehören Art, Beschaffenheit, Menge, Preis und Lieferbedingungen. Ein Lieferant ist der Betreiber eines Lager- und Distributionssystems, als Kunde wird die zu versorgende Person oder Gruppe bezeichnet. Entspricht die vom Kunden angeforderte Menge einer Lagereinheit, so kann unmittelbar eine Auslagerung veranlasst werden. Da bestellte und auszulagernde Einheit identisch sind, ist eine Automatisierung des Prozesses meist einfach umzusetzen. Da aber die Warenanforderungen des Kundenmarktes nur selten mit den artikelreinen Lagereinheiten übereinstimmen, wird es notwendig, diese in bedarfsorientierte Transporteinheiten für die Kunden umzuwandeln. Dieser Vereinzelungsvorgang zur Änderung der Zusammensetzung, bei dem jeweils die für einen Auftrag erforderliche Stückzahl eines Artikels entnommen wird, heißt *Kommissionierung*.

Der Vorgang der Kommissionierung setzt sich, mit dem Ziel der Auftragszusammenstellung, aus einer Reihe von Einzeltätigkeiten zusammen, für deren Realisierung heutzutage verschiedenste Techniken und Strategien zur Verfügung stehen. Durch deren Kombination ergibt sich eine Vielzahl von *Kommissioniersystemen*. Die Aufgabe eines Kommissioniersystems ist die bedarfsgerechte Zusammenstellung unterschiedlicher Artikel zu einem Kundenauftrag.

Hierzu werden heute technische Systeme eingesetzt, die sich teilweise deutlich voneinander unterscheiden. Die enge Verflechtung von technischen Gewerken, Informationsmanagement sowie Ablauf- und Organisationsstruktur machen die Gestaltung und den Betrieb von Kommissioniersystemen zu einer sehr komplexen Aufgabe [tHS08].

Die im Zuge des Materialflusses bewegten Einheiten in Kommissioniersystemen lassen sich wie folgt beschreiben:

- *Lagereinheit:* Alle im Kommissioniersystem bevorrateten Güter werden als Lagereinheiten bezeichnet. Sie ergeben in Summe den Bestand des Lagers.
- *Transporteinheit:* Die Artikel, die zur Bereitstellung befördert werden, entsprechen einer Transporteinheit.
- *Bereitstelleinheit:* Als Bereitstelleinheit werden diejenigen Einheiten bezeichnet, die dem Kommissionierer zur Entnahme angeboten werden.
- *Entnahmeeinheit:* Eine Entnahmeeinheit beschreibt die Menge eines Artikels, die bei einem Zugriff des Kommissionierers aus der Bereitstelleinheit entnommen wird.
- *Kommissioniereinheit:* Durch die Bearbeitung der Positionen eines Kommissionierauftrags entsteht die Kommissionier- bzw. Sammeleinheit.
- *Versandeinheit:* Besteht ein Kundenauftrag aus mehreren Kommissioniereinheiten, so werden diese abschließend zu einer Versandeinheit zusammengefasst.

5.3 Teilbereiche eines Kommissioniersystems

Um die komplexe Aufgabe der Planung und Auslegung von Kommissioniersystemen zu vereinfachen und zu strukturieren, werden nachfolgend Grundfunktionen und Standardabläufe definiert. In Anlehnung an die [VDI3590a] wird dabei unterschieden in Materialfluss, Informationsfluss und Organisation (vgl. auch [tHSB11]).

5.3.1 Materialfluss

5.3.1.1 Transport der Güter zur Bereitstellung

Diese erste Grundfunktion umfasst alle Transporte, die durchgeführt werden müssen, um die Güter für den Kommissionierer zugriffsbereit zu machen [VDI3590a]. Die Bewegung der Güter zur Bereitstellung ist nicht mit der Nachschubversorgung der Lagerplätze zu verwechseln, denn sie bezieht sich speziell auf einen Kommissionierauftrag. Die Verlagerung der Güter zur Bereitstellung ist nur dann erforderlich, wenn der Bereitstellplatz nicht dem Lagerplatz entspricht. Die Bereitstellung der Güter kann also mit oder ohne Bewegung realisiert werden. Ein Transport der Güter ist beispielsweise nicht erforderlich, wenn die Artikel aus einem Fachbodenregal entnommen werden. Dies heißt aber im Umkehrschluss, dass sich der Kommissionierer zum Artikel bewegen muss. Denn für die Zusammenstellung einer kundengerechten Bedarfsmenge muss entweder der Kommissionierer oder die Bereitstelleinheit bewegt werden.

5.3.1.2 Bereitstellung

Die Bereitstellung charakterisiert die Art, wie der Kommissionierer die Güter zur Durchführung des Entnahmeprozesses vorfindet [VDI3590a]. Dabei kann die Bereitstellung statisch oder dynamisch erfolgen. Die Bedeutung einer Reihe von Klassifizierungen erfordert dabei besondere Beachtung. Insbesondere die Anwendung der Bezeichnungen „*statisch*" und „*dynamisch*" erfolgt in der Praxis und in der Literatur uneinheitlich. Die klassische, auch in der Lagertechnik verwendete Definition sieht vor, dass bei statischer Bereitstellung eine Einheit zwischen Ein- und Auslagerung am selben Ort verbleibt (vgl. z. B. [GuD73]). Dies bedeutet, dass der Artikel stationär, beispielsweise in einem Regalfach, zur Entnahme bereitsteht. Analog muss bei dynamischer Bereitstellung die Bereitstelleinheit des gewünschten Artikels zum Entnahmeort befördert und gegebenenfalls nach erfolgter Entnahme zurückgelagert werden. In jüngeren Publikationen wird dagegen die Bezeichnung auf den Entnahmevorgang fokussiert. Nach dieser Definition befinden sich bei statischer Bereitstellung die zu greifenden Artikel in Ruhe, während bei dynamischer Bereitstellung der Entnahmevorgang auf das bewegte Teil erfolgt.

Eng mit dieser Problematik verknüpft ist die Differenzierung in eine *zentrale* und eine *dezentrale* Bereitstellung. Unter *zentraler Bereitstellung* wird dabei die Bereitstellung und

Entnahme an einem örtlich festen Punkt oder zumindest an räumlich stark begrenzten Punkten verstanden (z. B. bei zwei bis drei nebeneinander liegenden Palettenübergabeplätzen oder der Kommissionierung aus mehreren Horizontalumlaufregalen). Die Bereitstelleinheiten werden sequenziell an diesem zentralen Punkt bereitgestellt und nur auf diese Einheiten kann zugegriffen werden. Demgegenüber erfolgt bei einer *dezentralen Bereitstellung* die Entnahme an unterschiedlichen Punkten, zu denen sich der Kommissionierer bewegen muss.

Als drittes Unterscheidungsmerkmal kann die Bereitstellung geordnet, teilgeordnet oder ungeordnet erfolgen. Dieses Kriterium bezieht sich auf die Lage und die Orientierung der zu kommissionierenden Güter. In manuellen Systemen sind dabei, abhängig vom Gut, meist mehrere Ordnungszustände vorzufinden. Mit steigendem Automatisierungsgrad gewinnt die Art der Bereitstellung (Ordnungszustand) an Wichtigkeit, da sie den sensorischen Aufwand zur Lageerkennung bestimmt bzw. eine geordnete Bereitstellung Grundvoraussetzung zur wirtschaftlichen Automatisierung ist.

5.3.1.3 Fortbewegung des Kommissionierers zur Bereitstellung

Die Art der Bewegung des Kommissionierers zum Bereitstellort der zu entnehmenden Güter, d. h. in welcher Weise Kommissionierer und Artikel zusammenkommen, kann unterschiedlich sein [VDI3590a]. Je nachdem, ob die Bereitstellung zentral oder dezentral ausgeführt ist, gestaltet sich auch die Fortbewegung des Kommissionierers [tHSD18]. Findet keine Bewegung statt, verweilt der Kommissionierer an einem festen Standort. Sofern eine Bewegung des Kommissionierers zu den zu entnehmenden Gütern erforderlich ist, kann diese ein- oder zweidimensional und manuell, mechanisiert oder automatisch durchgeführt werden. Bewegt sich der Kommissionierer ebenerdig entlang einer Regalfront, so wird von einer eindimensionalen Fortbewegung gesprochen. Die zweidimensionale Fortbewegung kann beispielsweise mittels Regalbediengerät oder Kommissionierstapler in einer Hochregallagergasse erfolgen.

5.3.1.4 Entnahme der Güter durch den Kommissionierer

Im Mittelpunkt steht hierbei die Durchführung der Entnahmeprozesse, also der Zugriff des Kommissionierers auf die bereitgestellten Güter [VDI3590a]. Die Entnahme der Güter durch den Kommissionierer kann manuell, mechanisiert und automatisiert erfolgen. Manuelle Entnahmen werden durch den Menschen durchgeführt. Bei der mechanischen Entnahme werden vom Menschen gesteuerte Hilfsmittel (sogenannte Manipulatoren) wie z. B. Greifer und Hebemittel verwendet. Die automatische Entnahme erfolgt selbstständig ohne Einwirkung des Menschen. Ein Beispiel für eine technische Weiterentwicklung in diesem Bereich ist ein an einem Roboter installierter Greifer [tHSD18].

Ein spezieller Fall der Gutentnahme ist das Prinzip der *negativen Kommissionierung*. Ein Kommissioniervorgang wird als negativ bezeichnet, wenn die Bestellmenge nahezu der kompletten Bereitstelleinheit entspricht (z. B. Palette oder Behälter). Um ein umständliches Abpacken der Bestellmenge zu vermeiden, wird die Bereitstelleinheit zur

Liefereinheit und die überschüssige Restmenge wird abkommissioniert und im Kommissionierbereich belassen oder sie wird wieder eingelagert. Dieses Prinzip ist nicht zu verwechseln mit der inversen Kommissionierung.

5.3.1.5 Abgabe der Entnahme- bzw. Kommissioniereinheit

Nachdem die angeforderten Artikel aus den Bereitstelleinheiten entnommen wurden, müssen diese in eine Sammeleinrichtung oder auf ein Förderband abgelegt werden. Dieser Vorgang wird als Abgabe bezeichnet. Neben der zuvor beschriebenen Differenzierung der Begriffe statisch – dynamisch und zentral – dezentral im Rahmen der Bereitstellung ist auch bei der Abgabe der kommissionierten Einheiten eine Abgrenzung dieser Begriffe erforderlich, da die Unterscheidungsmerkmale dort zum Teil eine andere Bedeutung erfahren. Im Fall der Abgabe der Entnahmeeinheit oder der Kommissioniereinheit bezieht sich die Unterscheidung in *statische* oder *dynamische* Abgabe auf das Fördermittel bzw. die Sammeleinrichtung. Befindet sich das Fördermittel in Bewegung (Stetigförderer), liegt eine dynamische Abgabe vor. Wird dagegen auf eine unbewegte Sammeleinrichtung abgegeben, liegt eine statische Abgabe vor.

Hinsichtlich der Unterscheidung in *zentrale* und *dezentrale* Abgabe verhält sich die Trennung analog zur Entnahme: Wird z. B. eine Sammeleinrichtung mitgeführt, erfolgt die Abgabe der Entnahmeeinheiten an unterschiedlichen Orten, also dezentral; eine Abgabe an einen fest installierten Abgabepunkt hingegen ist zentral.

5.3.1.6 Transport der Entnahme- bzw. Kommissioniereinheit zur Abgabe

Teilweise erfordert die Abgabe der Entnahmeeinheiten keinen gesonderten Transport, da der Kommissionierplatz und der Abgabeort direkt nebeneinander liegen. Dies ist z. B. der Fall, wenn der Kommissionierer keine Bewegung durchführt und alle Vorgänge an einem fixen Standort stattfinden. Grundsätzlich wird deswegen zwischen Abgabe mit und ohne Transport differenziert. Ein möglicher Transport kann dabei vom Kommissionierer selbst ausgeführt oder durch ein Fördermittel realisiert werden. Eine denkbare Realisierung für den ersten Fall ist eine nicht angetriebene Rollenbahn, auf welcher der Kommissionierer innerhalb seines Arbeitsbereichs den Sammelbehälter entlang einer Regalfront vom Übernahmepunkt bis zum Abgabeort transportiert. Beispielhaft für die zweite Möglichkeit ist eine Fördertechnik, welche die entnommenen Güter von festen Kommissionierpunkten zu einem Konsolidierungspunkt fördert. Häufig werden zum Transport, analog der Bewegung zur Bereitstellung, Stetigförderer wie Rollenbahnen, Gurt- oder Kreisförderer verwendet. Unstetigförderer wie Fahrerlose Transportfahrzeuge (FTF) werden heute ebenfalls zu diesem Zweck eingesetzt.

5.3.1.7 Rücktransport der angebrochenen Lagereinheiten

Sofern ein Transport der Güter zur Bereitstellung durchgeführt werden muss, besteht die Möglichkeit, dass nach erfolgter Entnahme eine Restmenge in der Bereitstellung verbleibt, die von dort abzutransportieren ist [VDI3590a]. Verbleibt die Ladeeinheit bis zur vollständigen Entnahme der Artikel am Bereitstellort, findet kein Rücktransport statt.

Oftmals erfolgt aber eine Rückbeförderung in ein Lager oder Anbruchlager direkt nach der Entnahme. Der Rücktransport kann dabei wieder ein-, zwei- oder dreidimensional sowie manuell, mechanisiert oder automatisch erfolgen.

5.3.2 Informationsfluss

Wesentliche Elemente, die den Informationsfluss eines Kommissioniersystems bestimmen, sind der Kundenauftrag, der Kommissionierauftrag und die zu kommissionierende Position.

Der Informationsfluss besitzt elementaren Einfluss auf die Funktionalität und Effizienz eines Kommissioniersystems. Nur bei einer fehlerfreien, vollständigen, rechtzeitigen und bedarfsgerechten Erfassung, Verarbeitung und Bereitstellung der Informationen kann ein Kommissioniersystem die geforderte Leistung erbringen. Schlüsselelemente sind dabei die Erfassung des Systemzustands und eine Bestandsfortschreibung, die für kurze Reaktionszeiten elementar sind. Eine wichtige Rolle spielt in diesem Zusammenhang die Identifizierungstechnik (Identifikation der Artikel bzw. Verpackungs- oder Ladeeinheiten). Der Informationsfluss kann in vier Grundfunktionen unterteilt werden:

- Erfassung der Kundenaufträge
- Auftragsaufbereitung
- Weitergabe in den entsprechenden Kommissionierbereich
- Quittierung der Entnahme

5.3.2.1 Erfassung der Kundenaufträge

Die Erfassung des Kundenauftrags beinhaltet alle Tätigkeiten und Verfahren, um die notwendigen Daten für eine Auftragsbearbeitung zu ermitteln. Dabei werden aus Servicegründen dem Kunden oftmals verschiedene Möglichkeiten der Auftragserteilung angeboten. Im einfachsten Fall wird die Information manuell erfasst, im Allgemeinen telefonisch, per Fax, per Datenübertragung oder Internetshop und in wenigen Ausnahmefällen auch per Brief oder Postkarte.

Bei der automatischen Auftragserfassung besteht eine Online-Verbindung zwischen Kunden und Lieferant. Der Kunde kommuniziert dabei unmittelbar mit dem Lieferanten und erhält bei der Bestellung eine Aussage über die Lieferfähigkeit des gewünschten Artikels. Heute gängige Techniken zur Online-Abwicklung von Bestellungen werden unter dem Begriff E-Commerce zusammengefasst [tHSD18].

5.3.2.2 Auftragsaufbereitung

Die im System eingegangenen Kundenaufträge werden systemspezifisch in interne Kommissionieraufträge umgewandelt. Hierbei werden z. B. fehlende lagerspezifische Daten ergänzt und eine Sortierung der Positionen in der Reihenfolge, in der sie im Regal angeordnet sind, vorgenommen. Die Kundenaufträge werden zunächst in einem Auftragspool gesammelt, wobei die Informationen in einer sogenannten Auftragsmatrix hinterlegt werden. Jede Spalte dieser Matrix repräsentiert einen einzelnen Kundenauftrag und jede Zeile einen Artikel des Unternehmens. In den einzelnen Zellen werden die angeforderten Mengen aus einem Kundenauftrag eingetragen. Wird ein Artikel von einem Kunden nicht benötigt, wird er in der Matrix folglich auch nicht eingetragen. Eine eindeutige Identifizierung jedes Kundenauftrags erfolgt durch die im Spaltenkopf angegebene Kundenkennzeichnung und Auftragsnummer.

Grundsätzlich ergeben sich, in Abhängigkeit von der organisatorischen Gestaltung des Kommissioniersystems, verschiedene Möglichkeiten für die Umwandlung der Kundenaufträge in interne Kommissionieraufträge. Zum einen kann ein Kundenauftrag als Einzelauftrag kommissioniert werden. Zum anderen können mehrere Kundenaufträge zu Auftragsgruppen zusammengefasst werden. Weiterhin besteht die Möglichkeit, Kundenaufträge in Teilaufträge zu splitten.

Einzelauftrag

Im einfachsten Fall entspricht der Kommissionierauftrag dem Kundenauftrag. Diese Art der Auftragsaufbereitung ist bei einer Einzelbearbeitung (engl. Single Order Picking) eines Auftrags in der einstufigen (auftragsorientierten) Kommissionierung sinnvoll. Der Kundenauftrag geht dabei nahezu unverändert in das Kommissioniersystem ein und wird lediglich um die zum Kommissionieren notwendigen Daten ergänzt. Eine Vereinzelung und Zusammenführung von Kundenauftragsteilen ist hierbei nicht erforderlich.

Auftragsgruppen

Der Kommissionieraufwand und die Kommissionierzeit lassen sich dadurch reduzieren, dass mehrere Aufträge zu Auftragsgruppen oder sogenannten Sammelaufträgen (engl. Multi Order Picking) zusammengefasst werden. Ein Kommissionierer bearbeitet in diesem Fall mehrere Aufträge parallel. Diese Form der Auftragsaufbereitung wird in einstufigen Kommissioniersystemen beim Sortieren während des Kommissionierens unter Beibehaltung der Kundenzuordnung angewendet. In zweistufigen Kommissioniersystemen werden ebenfalls Auftragsgruppen gebildet. Dort werden mehrere Kundenaufträge zu einem sogenannten Batch (Auftragsstapel) zusammengefasst und artikelweise kommissioniert (vgl. Ablauforganisation), d. h. die Zuordnung eines bestimmten Artikels zu einem Kundenauftrag wird in diesem Fall aufgelöst. Nach der Kommissionierung müssen die Artikel vereinzelt und zu Kundenaufträgen zusammengeführt werden.

Teilaufträge und Konsolidierung

Insbesondere in sehr großen Kommissioniersystemen ist die Auftragsdurchlaufzeit meist sehr lang. Zur Reduzierung der Durchlaufzeit besteht die Möglichkeit, eine Splittung der Kundenaufträge in sogenannte Teilaufträge vorzunehmen. Dadurch kann ein Auftrag in mehreren Kommissionierbereichen gleichzeitig bearbeitet werden. Diese Art der Auftragsaufbereitung impliziert jedoch einen Konsolidierungsprozess in der Kommissionierung, d. h. das Zusammenführen der Kundenauftragsteile.

5.3.2.3 Weitergabe des Kommissionierauftrags

Nach der Aufbereitung der Aufträge müssen diese Informationen in den Kommissionier-
bereich weitergegeben werden. Der Kommissionierer erhält die zur Entnahme notwen-
digen Informationen entweder mittels eines Belegs bzw. papiergebunden in Form einer
Kommissionier- oder Pickliste oder ohne einen Beleg bzw. papierlos durch elektronische
Medien. Die papierlose Informationsübertragung erfolgt durch mobile oder stationäre
Datenterminals oder mittels visueller Fachanzeigen an den einzelnen Regalfächern. Die
Weitergabe der Information kann bei den papierlosen Kommissioniersystemen entweder
nacheinander erfolgen, also für jede Position einzeln, oder durch die Anzeige mehrerer
Positionen gleichzeitig [tHSD18].

5.3.2.4 Quittierung der Kommissionierung

Nachdem der Entnahmevorgang eines Artikels stattgefunden hat, muss dies in Form einer
Quittierung bestätigt werden. Die Quittierung dient zum einen zur Kontrolle der durchge-
führten Entnahmen, zur Vollzugsmeldung nach Abschluss eines Auftrags und zum anderen
zur Erfassung eventueller Fehlmeldungen. Die Quittierung einer erfolgten Entnahme kann
entweder durch Abhaken der Position auf der Pickliste oder durch eine entsprechende
Eingabe in ein Datenterminal oder eine Fachanzeige erfolgen (manuell, mit automatischer
Unterstützung). Eine automatische Quittierung kann durch die Erfassung eines Identi-
fizierungsmerkmals (z. B. Barcode, RFID-Tag) vorgenommen werden. Dabei kann jede
einzelne Entnahmeeinheit, jede Position einzeln oder ein gesamter Kommissionierauftrag
quittiert werden [tHSD18].

5.3.3   Organisation

Einen wesentlichen Einfluss auf die Effizienz besitzt die Organisationsform des Kommissioniersystems, d. h. die Wahl der Struktur und Steuerung der Abläufe. Dabei wird
zwischen der *Aufbauorganisation,* d. h. der Struktur der Anordnung der Lagerbereiche,
der *Ablauforganisation,* d. h. der Abwicklung des Kommissionierprozesses sowie der
Betriebsorganisation unterschieden.

5.3.3.1 Aufbauorganisation

Die Aufgabe der Aufbauorganisation besteht in der Festlegung einer geeigneten Struktur
für ein Kommissioniersystem. Im Vordergrund steht dabei die Frage, welche Bereitstellsysteme für die verschiedenen Artikelgruppen geeignet sind und wie die Systemtypen miteinander verknüpft werden. In jedem Fall setzt dieser Schritt eine sorgfältige Analyse des
Sortiments und der Auftragsstruktur voraus. Üblicherweise leiten sich daraus variierende
Anforderungen an Kapazität, Leistung und Eigenschaften des Bereitstellsystems ab.

Da die Bereitstellsysteme sich technisch unterscheiden und dadurch besondere Eig-
nungsschwerpunkte für bestimmte Artikelgruppen aufweisen, ist gegebenenfalls die
Nutzung verschiedener Systemtypen sinnvoll. Deshalb werden gängigerweise *Bereiche*

für unterschiedliche Artikeltypen gebildet. Aus organisatorischer Sicht können innerhalb eines Bereitstellsystems *Zonen* eingeteilt werden. Dies kann beispielsweise durch Bereitstellung der Produkte nach einer Einteilung in ABC-Klassen oder durch die Zuweisung des Personals in abgegrenzte Arbeitsbereiche erfolgen. Von einem einzonigen Kommissioniersystem wird gesprochen, wenn für alle Produktgruppen die gleiche Technik und das gleiche Kommissionierprinzip angewendet werden und keine organisatorischen Zonen bestehen. Mehrzonige Systeme zeichnen sich entweder durch den Einsatz verschiedener technischer Teilsysteme für unterschiedliche Produktgruppen und die sich daraus ergebenden unterschiedlichen Kommissionierprinzipien aus oder verfügen über organisatorische Zonen aufgrund von abgegrenzten Arbeitsbereichen oder einer ABC-Zonung.

5.3.3.2 Ablauforganisation

Im Rahmen der Ablauforganisation wird die operative Verfahrensweise in einem bestehenden Lager- und Kommissioniersystem festgelegt. Neben der Vorgehensweise bei der Bearbeitung von Kommissionieraufträgen wird die Bewegungsstrategie des Kommissionierers im System geregelt. Grundlegend kann hierbei eine einstufige (auftragsweise) und zweistufige (artikelweise) sowie eine serielle und parallele Kommissionierung unterschieden werden.

Einstufiges Kommissionieren

Bei der *einstufigen Kommissionierung* wird ein Kundenauftrag anhand einer Kommissionier- oder Pickliste, die in Papierform oder digitaler (papierloser) Form vorliegen kann, zusammengestellt. Die Kommissionierung erfolgt auftragsweise, d. h., dass jederzeit der Bezug zum Kundenauftrag besteht. Bei dieser Form der Kommissionierung bestehen mehrere Möglichkeiten der Auftragsaufbereitung und daraus folgend der Steuerung des Auftrags durch das gesamte Kommissioniersystem.

Einfache, auftragsweise Kommissionierung

Im einfachsten Fall wird der Kundenauftrag durch Ergänzung der kommissionierspezifischen Angaben (z. B. des Lagerplatzes) direkt in einen Kommissionierauftrag überführt und durch *einen* Kommissionierer *vollständig* abgearbeitet. Bei dieser Organisationsform wird der gesamte Auftrag in einer Zone bearbeitet. Ist ein Auftrag abgeschlossen, wird der nächste begonnen. Die Bearbeitung erfolgt demnach *auftragsseriell*. Dieses Prinzip wird als *einfache, auftragsweise Kommissionierung* bezeichnet und ist bei Anwendung des Prinzips Person-zur-Ware sinnvoll, sofern die durchschnittliche Auftragsgröße, d. h. die in einem Auftrag angeforderte Stückzahl, die Transportkapazität des Kommissionierers nicht überschreitet. Im englischsprachigen Raum wird in diesem Fall von *Single Order Picking* gesprochen. Vorteil dieses Prinzips ist der geringe Aufwand der Vorbereitung, da im Minimalfall der eingegangene Kundenauftrag direkt als Kommissionierliste verwendet werden kann. Da die Pickfolge im Minimalfall unmittelbar durch den Auftrag vorgegeben ist, legt der Kommissionierer u. U. lange Wege zurück.

Auftragsparallele Kommissionierung

Eine weitere Form der Auftragsabwicklung ist die gleichzeitige Bearbeitung mehrerer Kundenaufträge. Hierbei werden mehrere Kundenaufträge zu einer Auftragsgruppe zusammengefasst und synchron in einer Zone von einem Mitarbeiter bearbeitet. Der Mitarbeiter führt mehrere Kundenauftragsbehälter mit sich. Dieses Prinzip wird als *auftragsparalleles Kommissionieren* oder *Sortieren während der Kommissionierung* bezeichnet, da die entnommene Ware direkt bei der Abgabe einem Kundenauftragsbehälter zugeordnet wird. Im englischsprachigen Raum wird in diesem Zusammenhang auch der Begriff *Multi Order Picking* verwendet. Durch das Zusammenfassen mehrerer Einzelaufträge werden Bündelungseffekte ausgenutzt. Dazu muss die Kommissioniererführung so organisiert sein, dass der Mitarbeiter automatisch von Entnahmestelle zu Entnahmestelle geleitet wird. Der Anstieg der Entnahmepunktdichte (Pickdichte) führt zudem zu einer Reduzierung der mittleren Wegzeit pro Auftrag in einem Person-zur-Ware-System.

Zonenserielle Kommissionierung

In der Praxis sind Kommissioniersysteme oft in mehrere Zonen oder Bereiche unterteilt (vgl. Aufbauorganisation). Beinhaltet ein Kommissionierauftrag Positionen aus verschiedenen Zonen, so kann eine zonenserielle Kommissionierung erfolgen, wobei der Auftrag sequenziell alle Zonen durchläuft. Die Bearbeitung kann entweder durch einen Kommissionierer über alle Zonen erfolgen oder am Ende einer Zone an den folgenden Kommissionierer übergeben werden. Letzteres wird auch als Weiterreichsystem bezeichnet. Sektionen, in denen keine Artikel entnommen werden, können dabei mit Fördertechnik überbrückt werden, was einen Vorteil dieser Variante darstellt. Gleiches gilt auch, wenn das Lager aufgrund von unterschiedlichen Techniken in mehrere Bereiche eingeteilt ist. Ein Charakteristikum dieses Prinzips ist, dass der Kundenauftrag zu jedem Zeitpunkt von nur einem Kommissionierer bearbeitet wird.

Zonenparallele Kommissionierung

Alternativ zum zonenseriellen Kommissionieren können die Kundenaufträge auch in mehrere Teilaufträge zerlegt werden, die zeitlich parallel in den einzelnen Zonen kommissioniert werden. Dies gilt auch, wenn das Kommissioniersystem in technische Bereiche aufgeteilt ist. Dieses Verfahren wird als *zonenparallele Kommissionierung* bezeichnet. Der Vorteil der zonenparallelen Kommissionierung besteht insbesondere in der Verkürzung der Auftragsdurchlaufzeit. Ein steigender Zeitbedarf für die Vorbereitung der Aufträge sowie die Konsolidierung der Teilaufträge verringern jedoch den möglichen Zeitgewinn durch die parallele Bearbeitung. In der Regel sind für die technische Umsetzung der Zusammenführung der Teilaufträge Puffer-, Sammel- oder Verteilsysteme notwendig.

Bei allen genannten Verfahren der einstufigen, auftragsweisen Kommissionierung ist die Bindung eines Artikels an den dazugehörigen Kundenauftrag jederzeit ersichtlich. Ist dies nicht der Fall, findet eine artikelweise Kommissionierung statt. Dieser Ablauforganisationstyp zählt zu den zweistufigen Kommissioniersystemen und wird im Folgenden erläutert.

Zweistufiges Kommissionieren

Im Gegensatz zur einstufigen, auftragsweisen Kommissionierung werden bei der *artikelweisen Kommissionierung* die Prozesse der Entnahme und der Zusammenstellung der Kundenaufträge voneinander getrennt und in zwei Schritten oder *zweistufig* durchgeführt. Durch diese Maßnahme können alle in mehreren Aufträgen auftretenden identischen Artikel in einem Kommissioniervorgang gepickt werden. Dadurch steigt die Entnahmepunktdichte an und führt zu einer Zeilenreduktion, d. h. einer Reduzierung der Auftragspositionen [GUD78]. Daraus resultiert eine Reduzierung der Wegzeiten des Kommissionierers.

Um diesen Vorgang durchzuführen ist es notwendig, die Kundenaufträge zu sammeln und zu sogenannten *Batches* oder *Auftragsstapeln* zusammenzufassen, weshalb dieses Prinzip auch als *Batchkommissionierung* bezeichnet wird. Nachdem alle im Auftragsstapel enthaltenen Artikel in einer ersten Stufe kundenauftragsunabhängig kommissioniert wurden, erfolgt in einem zweiten Schritt die Vereinzelung und Zuordnung der Artikel auf die Kundenaufträge. Zur Durchführung dieses zweiten Schrittes stehen verschiedene Sortier- und Verteilanlagen zur Verfügung (s. Kap. 6 Sortier- und Verteilsysteme).

5.3.3.3 Betriebsorganisation

Als Teil der Organisationsbausteine in Kommissioniersystemen verkörpert die Betriebsorganisation eine Menge unterschiedlicher Strategien zur Einlastung der Aufträge in das System. Sie bildet das dynamische Mittel, um den ständig wechselnden Anforderungen in einem Kommissioniersystem gerecht zu werden. Wechselnde Anforderungen in diesem Sinne stellen zum Beispiel saisonale Schwankungen der Auftragsmenge, Kapazitätsauslastungen unter Berücksichtigung der vorhandenen Personalstärke oder verfügbarer Systemleistungen und Priorisieren von Kunden oder Aufträgen dar [tHSD18]. Allgemein ist die Betriebsorganisation auftragsgesteuert, d. h. sie befasst sich mit der zeitlichen Reihenfolge, in der ein oder mehrere Kommissionieraufträge eingelastet werden.

Die Steuerung der Prozesse im Rahmen der Betriebsorganisation kann prinzipiell zentral oder dezentral erfolgen. Bei zentral gesteuerten Prozessen bilden vorgehaltene Auftragsinformationen und lokal messbare Belegungsinformationen im Verwaltungssystem die Grundlage, wobei in dezentral gesteuerten Prozessen die Entscheidung jeweils ohne Kenntnis des übergeordneten Systemzustands getroffen wird.

Die Betriebsorganisation befasst sich zudem mit der Personalplanung in den Kommissionierzonen. Dabei wird, ausgehend von einem vorgegebenen Umsatzziel, eine Monatsplanung oder aber eine tägliche bzw. wochenbezogene Planung erstellt. Diese orientiert sich an dem Ist-Personalstand und dem gegebenen Auftragsvorlauf. Alle Personalplanungen stehen in engem Bezug zu den Auftragseinlastungen und haben als Grundlage die Kennzahlen der Auftragsstruktur, wie z. B. die Anzahl der Positionen, die Menge, das Gewicht, die Auslastung der Kommissionierzone sowie das Verhältnis von Normal- zu Eilaufträgen [GUD05].

Weiterhin regelt die Betriebsorganisation den Nachschub im Kommissioniersystem. Hier wird grundsätzlich zwischen vorsorglichem Nachschub und Bedarfsnachschub unterschieden. Der vorsorgliche Nachschub löst dann aus, wenn ein vorher eingestellter

Mindestbestand nicht mehr vorhanden ist. Der Nachschub stellt sicher, dass das Regal entsprechend dem Höchstbestand aufgefüllt wird. Der Bedarfsnachschub wird erst dann aktiviert, wenn der vorhandene Bestand eines Artikels für den nächsten Auftrag unzureichend ist. Eine Kombination aus beiden Nachschubsystemen kann auch zu Spitzenzeiten eine gleichmäßige Systemauslastung bei maximaler Lieferbereitschaft sicherstellen.

5.4   Planung und Gestaltung von Kommissioniersystemen

Die Planung und die Gestaltung eines Kommissioniersystems werden stark von äußeren Einflussfaktoren geprägt, sie spiegeln die von der Umwelt an das System gestellten Anforderungen wider. Diese qualitativen und quantitativen Kriterien geben Rahmenbedingungen für die Systemgestaltung vor und müssen bereits bei der Planung eines Kommissioniersystems berücksichtigt werden.

Da sich die Einflussfaktoren von Fall zu Fall ändern, kann es keine Verallgemeinerung bei der Auswahl von Kommissioniersystemen geben [Sch93b]. Erst unter Berücksichtigung der jeweiligen Randbedingungen und Einflussgrößen kann das passende Kommissioniersystem ausgewählt werden. Bleiben die von außen an das Kommissioniersystem gestellten Anforderungen unberücksichtigt, kann es leicht zu einer falschen Systemauslegung kommen. Das Risiko von Fehlinvestitionen ist dann sehr hoch.

Zu den externen Faktoren, die auf die Kommissionierung wirken, zählen u. a. die Anforderungen des Marktes und der vor- und nachgelagerten Systeme, die Stellung des Unternehmens in der Supply Chain, die gesetzlichen Bestimmungen, ein begrenztes Investitionsvolumen und die Branche, in der ein Unternehmen tätig ist.

Die *Anforderungen des Marktes* an ein Kommissioniersystem werden durch den Wettbewerb zwischen den Unternehmen und durch das Kaufverhalten der Kunden geprägt. Dies führt zu unterschiedlichen Erwartungen an das System hinsichtlich Servicegrad, Leistung, Kosten, Qualität und Reaktionszeit. Bei Änderungen des Marktes und daraus folgenden Veränderungen der Unternehmensstruktur spielt die Flexibilität eines Kommissioniersystems eine wichtige Rolle. In den letzten Jahrzehnten hat sich ein Wandel vom Anbietermarkt zum Käufermarkt vollzogen, durch den der Kunde zum zentralen Element wurde. Der Anbietermarkt war durch eine Verknappung des Angebots und einen hohen Bedarf geprägt. Der wesentliche Erfolgsfaktor war dabei der Produktnutzen. Im Gegensatz zum Anbietermarkt zeichnet sich der Käufermarkt durch eine Bedarfssättigung und eine Globalisierung der Märkte aus. Hier steht der Käufernutzen im Mittelpunkt [Pot95]. Dies führt zu kundenangepassten Produktions- und Vertriebsmethoden.

Des Weiteren hat die *Stellung des Unternehmens in der Supply Chain* Einfluss auf die Anforderungen, die an das System gestellt werden. Ein Kommissioniersystem kann an unterschiedlichen Stellen in der Wertschöpfungskette angesiedelt sein, wodurch die Art der Aufträge und die durchschnittlichen Bestellmengen stark variieren können. Wird durch das Kommissioniersystem z. B. der Endkunde beliefert, so sind meist kurze Lieferzeiten, große Artikelsortimente und kleine Auftragsmengen die Folge. Aber auch die verschiedenen *vor- und nachgelagerten Systeme* haben Einfluss auf die Gestaltung eines Kommissioniersystems.

Auch die *Branche,* in der ein Unternehmen tätig ist, hat Einfluss auf die Gestaltung des Kommissioniersystems. Jede Branche stellt andere Anforderungen hinsichtlich zu erbringender Leistung, Automatisierungsgrad, Auftragsdurchlaufzeiten, Reaktionszeit, Flexibilität, Qualität und sonstiger Serviceleistungen gegenüber dem Kunden. Diese unterschiedlichen Anforderungen der Branchen an ein Kommissioniersystem werden u. a. begründet durch variierende Artikelspektren, die sich in ihrer Größenordnung erheblich unterscheiden. Im Buchhandel spricht man erst ab einer Anzahl von 50.000 Artikeln von einem großen Sortiment, im Fachhandel bereits bei einigen hundert Artikeln [Pot95]. Auch die geforderten Auftragsdurchlaufzeiten unterscheiden sich in Abhängigkeit von der Branche. Im Bereich des Pharmahandels werden heute Durchlaufzeiten von unter einer Stunde realisiert, in anderen Branchen können die Durchlaufzeiten jedoch auch deutlich höher liegen.

Der Faktor *Zeit* spielt eine immer größer werdende Rolle. Kurze Auftragsdurchlaufzeiten, schnelle Transportzeiten, eine geringe Datenübertragungszeit, die Einhaltung der Termintreue sowie eine kurze Lagerdauer sind Forderungen, die den Aufbau des Kommissioniersystems beeinflussen.

Gesetzliche Bestimmungen, ein eingeschränktes Investitionsvolumen und *ökologische Anforderungen* begrenzen eventuell die Möglichkeiten bei der Auswahl eines geeigneten Kommissioniersystems und sollten schon zu Beginn des Planungsprozesses mit berücksichtigt werden.

Neben den externen Einflussgrößen, die mittelbar auf ein System einwirken, bilden zahlreiche unternehmensspezifische Anforderungen eine wesentliche Entscheidungsgrundlage bei der Planung, Dimensionierung und Leistungsberechnung von Kommissioniersystemen. Diese Bedingungen stellen den strukturellen, kapazitiven und leistungsbezogenen Rahmen und somit die Vorgaben und Zielsetzungen bei der Planung eines Kommissioniersystems. Sie lassen sich überwiegend anhand von quantifizierbaren Kenngrößen veranschaulichen und resultieren zum einen aus wirtschaftlichen Zielgrößen eines Unternehmens zur Erfüllung des Geschäftszwecks. Zum anderen werden aufgrund des großen Wettbewerbs zahlreiche servicerelevante Anforderungen hinsichtlich Zeit und Qualität gestellt. Zusätzlich zu den quantifizierbaren Betriebskenngrößen eines Kommissioniersystems gibt es weitere qualitativ ausgeprägte Kriterien, die ebenfalls Berücksichtigung bei der Planung von Kommissioniersystemen finden müssen. Zu Beginn einer Planung sollte eine genaue Abgrenzung der Zielsetzung stattfinden, damit im weiteren Planungsverlauf der Fokus auf die relevanten Daten und Prozesse gelegt werden kann.

Die Anforderungen an den Systemaufbau und -ablauf beim Kommissionieren werden maßgeblich durch die Artikel- und die Auftragsstruktur gestellt. Diese Parameter beeinflussen im Wesentlichen das Lösungskonzept. In Tab. 5.1 sind die relevanten strukturellen Kenngrößen in drei verschiedenen Kategorien aufgelistet.

Der Großteil dieser Kennwerte weist sowohl in Bezug auf spezifische Artikel und Aufträge als auch im zeitlichen Verlauf ihres Auftretens variierende Ausprägungen auf. Es

Tab. 5.1 Kenngrößen von Kommissioniersystemen

Kenngrößen von Kommissioniersystemen		
Auftragsstruktur	**Artikelstruktur**	**Kommissionier- / Lagertechnik**
Anzahl der Entnahmepositionen pro Position	Größe des Artikelstamms (Artikelanzahl)	Informationsbereitstellung (Terminal, Pickliste …)
Anzahl der Positionen pro Auftrag	Gewicht pro Entnahmeeinheit	Fläche pro Ladeeinheit
Anzahl der Aufträge pro Zeiteinheit	Abmessung pro Entnahmeeinheit	Höhe pro Ladeeinheit
Auftragsvolumen	Umschlaghäufigkeit (Gängigkeit)	Art der Ladehilfsmittel
Auftragsgewicht	Oberfläche der Artikel	Art der Lagermittel
Wiederholhäufigkeit	Chargen	Möglichkeiten des Zugriffs
Kontinuität des Auftragseingangs	Verfallbarkeit	Abmessungen (Gangbreite etc.)
Auftragsdurchlaufzeit	Gefahrgut	Greiftiefe
Terminierung der Aufträge (Beispiele: Express, Abholer, Terminauftrag)	etc.	Greifhöhe
		Anzahl der Entnahmeeinheiten pro Ladeeinheit
etc.		Anzahl der Zugriffe pro Ladeeinheit
		etc.

sind neben kalkulierbaren auch zufällig auftretende und dynamische Variablen zu berücksichtigen. Die Auslegung von Kommissioniersystemen ist aufgrund der vielen wechselnden Kenngrößen deshalb nur in seltenen Fällen durchgängig mit analytischen Methoden durchzuführen.

Zu den Kenngrößen aus dem Bereich der Auftragsstruktur zählen u. a. die Anzahl eingehender Kundenaufträge pro Zeiteinheit (z. B. pro Stunde oder pro Tag) sowie die Anzahl daraus erzeugter Kommissionieraufträge. Aus diesen Daten lässt sich wiederum die Anzahl der Positionen pro Kommissionierauftrag ermitteln. Neben der Kennzahl Position pro Kundenauftrag ist auch die Entnahmemenge, also die Anzahl Picks pro Position, ein planungsbestimmender Kennwert. Die Kenngröße Picks pro Position gibt die Anzahl der Greifvorgänge bei der Kommissionierung eines Artikels eines Kommissionierauftrags wieder.

Weitere wichtige Strukturdaten sind Gewichts- und Volumenangaben eines Auftrags. Anhand dieser Angaben kann die Anzahl erforderlicher Sammelbehälter zur Kommissionierung des Auftrags abgeleitet werden. Informationen über die Kontinuität des Auftragseingangs, die gesamte Durchlaufzeit und die Terminierung eines Auftrags sind nicht zu vernachlässigen. Bei der Terminierung muss beispielsweise berücksichtigt werden, ob es sich um einen Eilauftrag handelt und dieser ggf. bevorzugt behandelt werden muss.

Die Artikelstruktur umfasst Angaben über die zahlenmäßige Größe des gesamten Artikelstamms sowie Informationen über spezifische Eigenschaften der einzelnen Artikel. Dazu zählen Gewichts- und Volumenangaben für jeden Artikel sowie deren Oberflächenbeschaffenheit, Chargeninformationen und Informationen über die Art des Artikels (Gefahrgut, verderbliche Güter oder hochwertige Güter). Spezifische Artikeleigenschaften erfordern eine gesonderte Behandlung bei der Planung von Kommissioniersystemen.

Im Bereich der Kommissionierung sind darüber hinaus Angaben über die Umschlaghäufigkeit eines Artikels relevant. Der Anteil gepickter Artikel am Gesamtbestand kann beispielsweise in Form einer ABC-Klassifizierung dargestellt werden. Der Verlauf der sogenannten Pareto-Kurve lässt für die Planung eines Gesamtsystems wichtige Schlüsse zu. Sehr häufig umgeschlagene Artikel zählen zur A-Klasse und werden auch als Schnelldreher bezeichnet. In dieser Kategorie ist meist nur ein geringer Teil des gesamten Sortiments enthalten. Der Großteil der Artikel zählt zu den sogenannten Mittel- und Langsamdrehern.

Für die Gestaltung und Auslegung von Kommissioniersystemen sind weiterhin Informationen über die Art der verwendeten Ladehilfsmittel, die Art des Lagermittels sowie die erforderliche Fläche und Höhe pro Ladeeinheit hilfreich. Hierdurch werden auch die Möglichkeiten für den Zugriff auf eine Ladeeinheit, die Greifhöhe und -tiefe sowie die Abmessungen des Kommissionierlagers vorgegeben. Weitere wichtige Kennwerte sind die Anzahl der Entnahmeeinheiten pro Ladeeinheit und die Anzahl der Zugriffe pro Ladeeinheit. Mittels der oben aufgeführten Kennwerte lassen sich im Rahmen der Datenanalyse weitere, im Einzelfall erforderliche Kenndaten ableiten. So kann beispielsweise neben der Angabe Volumen pro Auftrag auch das Volumen pro Position oder pro Pick ermittelt werden.

Im Planungsprozess lassen sich anhand der Analyse der Auftragsstrukturdaten wichtige Schlüsse für die Auswahl des organisatorischen Systemablaufs ziehen, beispielsweise dahingehend, ob eine Sammelauftragsbearbeitung sinnvoll ist oder die Mehrzahl der Aufträge eine hohe Anzahl an Positionen hat und sich diesbezüglich für eine Einzelbearbeitung von Aufträgen eignet.

Einige aufbauorganisatorische Fragestellungen können anhand einer Auswertung der Artikelstammdaten gelöst werden. Das Sortiment kann Aufschluss über das Erfordernis unterschiedlicher Temperaturbereiche oder Handhabungsvorgänge geben. Variieren beispielsweise die Artikelabmessungen sehr stark, ist es meist schwierig, einen Systemtyp zu finden, der allen Anforderungen gerecht wird. In diesem Fall sind unter Umständen verschiedene Techniken mit unterschiedlichen Kommissionierprinzipien sinnvoll.

Im Zusammenhang mit quantitativen Kennzahlen können neben den strukturellen Kennzahlen zudem betriebswirtschaftliche, Qualitäts- und Leistungskennzahlen betrachtet werden (vgl. [tHSB11]).

5.5 Systemtypen in der Kommissionierung

Durch die Kombination der verschiedenen Funktionselemente entsteht eine Vielzahl von Systemlösungen s. Tab. 5.2. Welcher Systemtyp sich für ein Unternehmen eignet, hängt dabei wesentlich von den spezifischen Kennzahlen ab und muss im Einzelfall entschieden werden. Um einen Überblick über typische Ausprägungsformen zu geben, werden an dieser Stelle einzelne klassische Systemtypen vorgestellt. Zunächst werden Systemtypen, die nach dem Person-zur-Ware-Prinzip arbeiten, beschrieben. Darauf folgend werden Ware-zur-Person-Systemtypen und Lösungen, die beide Prinzipien vereinen, vorgestellt. Abschließend werden vollautomatische Systemtypen vorgestellt. Es besteht jedoch kein Anspruch auf Vollständigkeit in Bezug auf die Darstellung aller möglichen Varianten.

5.5.1 Person-zur-Ware-Systemtypen

5.5.1.1 Konventionelles Kommissionieren
Bei der einfachen, manuellen Kommissionierung, auch konventionelles Kommissionieren genannt, bewegt sich der Kommissionierer mit einem Ladehilfsmittel nach dem Person-zur-Ware-Prinzip zu den statisch bereitgestellten Artikeln (Abb. 5.1). Die Artikel werden

Tab. 5.2 Systemtypen in der Kommissionierung

	Person-zur-Ware (PzW)	Ware-zur-Person (WzP)	Kombination aus PzW und WzP
manuell	• konventionelles Kommissionieren • Kommissioniernest • Kommissioniertunnel		
teil-automatisiert	• manuelles Kommissionieren mit FTF • Kommissionieren im Hochregal • manuelles Kommissionieren mit Bahnhof • manuelles Kommissionieren - Kombination aus DLR u. FBR	• Kommissionierstation mit Behälterregal-Anbindung • Kommissionierstation mit Shuttlesystemanbindung • Kommissionierstation mit Horizontal-Umlaufregal-Anbindung • Vertikal-Umlaufregal • Liftsystem	• zweistufige Kommissionierung mit Pick-to-belt • Kommissionieren entlang einer Regalfront am AKL • inverses Kommissionieren
voll-automatisiert	• verfahrbarer Kommissionierroboter	• stationärer Kommissionierroboter mit Palettenregal-Anbindung • Schachtkommissionierer • automatisches Kollipicken	

Abb. 5.1 Konventionelles
Kommissionieren

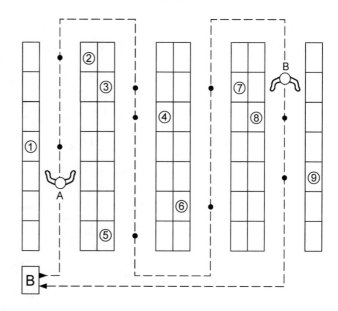

dabei direkt auf Paletten oder in Fachboden- bzw. Durchlaufregalen gassenförmig bereitgestellt. Der Kommissionierer bewegt sich in Form eines Rundgangs ebenerdig durch die Gassen und entnimmt die zu kommissionierenden Auftragspositionen manuell. Die Kommissioniererführung kann hierbei auf verschiedene Arten erfolgen. Es besteht die Möglichkeit, neben dem Sammelbehälter eine Pickliste an einer zentralen Basis aufzunehmen. Ebenso können die Auftragsinformationen mittels Pick-by-light oder Pick-by-voice während des Rundgangs übermittelt werden. Die Abgabe der Sammelbehälter erfolgt nach erfolgreicher Bearbeitung aller Auftragspositionen an einem definierten Übergabepunkt. Der Behälter wird anschließend zu Verpackung und Versand weitergeleitet. Dieser Übergabepunkt dient gleichzeitig zur Aufnahme eines neuen Sammelbehälters.

Konventionelle Kommissioniersysteme sind mit geringen Investitionen verbunden und sehr flexibel bezüglich der zu lagernden Güter und des eingesetzten Personals.

5.5.1.2 Kommissioniernest

In sogenannten Kommissioniernestern, auch Kommissionierzellen genannt, können die sonst üblichen hohen Wegzeitanteile bei der Person-zur-Ware-Kommissionierung gänzlich minimiert werden, denn die Artikel werden statisch, zumeist in U-förmiger Anordnung, in Reichweite des Kommissionierers bereitgestellt (Abb. 5.2). Somit können relativ hohe Kommissionierleistungen erzielt werden (bis zu 1000 Teile pro Stunde), da der Kommissionierer an einem Punkt stehen bleibt und gleichzeitig alle Artikel eines Sortiments greifen kann. Der Kommissionierer legt die Entnahmeeinheiten eines Auftrags in einen Sammelbehälter ab. Die Abgabe der Sammelbehälter kann an einer vordefinierten Stelle über eine Stetigfördertechnik erfolgen. Alternativ dazu können mehrere Auftragsbehälter gesammelt zu einem zentralen Übergabepunkt abtransportiert werden.

Abb. 5.2 Kommissioniernest, Draufsicht

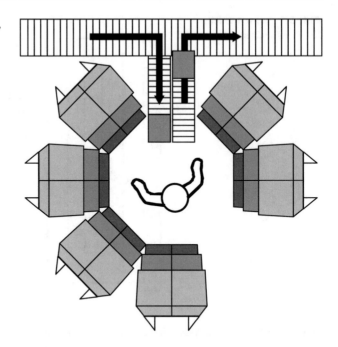

Diese Systemvariante eignet sich nur bei einer begrenzten Anzahl kleinvolumiger Artikel, da alle Artikel des Sortiments zusammen in einem Kommissioniernest bereitgestellt werden. Das Kommissioniernest entspricht einem manuellen Person-zur-Ware-Kommissioniersystem.

5.5.1.3 Kommissioniertunnel

Eine kompakte und platzsparende Variante ist der sogenannte Kommissioniertunnel. Dabei sind Nachschublager und Kommissionierlager miteinander vereint. Die Kommissionierung erfolgt ebenerdig direkt von statisch bereitgestellten Paletten in einem Tunnelgang, ähnlich dem Vorgehen bei der konventionellen Kommissionierung. Die Paletten werden auf Durchlaufbahnen im Kommissionierlager mehrfachtief bereitgestellt (Abb. 5.3). Über dem eigentlichen Kommissionierbereich befindet sich das Nachschublager. Dort werden Paletten in Durchlaufkanälen bevorratet. Das Kommissionierlager kann bei Bedarf einfach mit Nachschub versorgt werden, indem Paletten aus einem Durchlaufkanal mittels Regalbediengerät oder Stapler in den Kommissionierbereich befördert werden.

Vorteilhaft wirken sich bei dieser Systemvariante die strikte Trennung von Entnahme und Nachschub sowie die automatische Auffüllung des Bereitstellplatzes mittels Fördertechnik aus. Große Mengen bei einem vergleichsweise kleinen Sortiment können mit einem sehr guten Raumnutzungsgrad in diesem Systemtyp bevorratet werden.

5.5.1.4 Manuelle Kommissionierung mit FTF

In konventionellen Kommissioniersystemen kommen hauptsächlich Unstetigfördertechniken zum Einsatz. Eine Besonderheit stellt der Einsatz von Fahrerlosen Transportfahrzeugen dar.

Abb. 5.3 Kommissioniertunnel

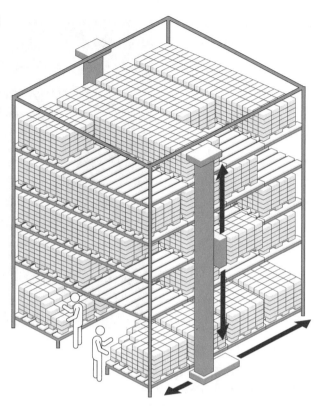

Fahrerlose Transportfahrzeuge (FTF) können grundsätzlich in allen gassenförmig angeordneten Person-zur-Ware-Kommissioniersystemen eingesetzt werden. Als Lagermittel können zum Beispiel Fachbodenregale oder einfache Palettenregale dienen. Diese Grundidee ist der des konventionellen Kommissioniersystems sehr ähnlich. Der Kommissionierer wird in diesem Fall jedoch von einem Fahrerlosen Transportfahrzeug begleitet, das die Sammeleinheit mit sich führt (Abb. 5.4). Die Kommissioniereinheiten werden vom Kommissionierer auf das vom FTF mitgeführte Ladehilfsmittel abgelegt. Der Kommissionierer bewegt sich von Entnahmeort zu Entnahmeort und das FTF folgt ihm.

Unterstützt werden kann der Kommissionierer auf seinem Weg z. B. durch den Einsatz eines Pick-by-voice-Systems. Dies bietet die Möglichkeit einer weiteren Kontrolle und Optimierung der Kommissionierleistung, ohne den Kommissionierer bei seiner primären Tätigkeit zu beeinträchtigen, denn sowohl seine Augen als auch seine Hände sind frei.

Nach der Fertigstellung des Auftrags transportiert das FTF die Sammeleinheit zu Verpackung und Versand. Einzelne Zusatzkomponenten, wie das automatische Stretchen und Wickeln, lassen sich problemlos in das Gesamtsystem integrieren. Der Kommissionierer muss hierbei jedoch nicht wie beim manuellen Kommissionieren mit zentraler Abgabe

Abb. 5.4 Kommissionieren
mit FTS (Foto: Dematic)

zum Übergabepunkt zurückkehren, sondern er kann mit seinem Rundgang an der gleichen
Stelle fortfahren. Ihm wird umgehend ein neues Ladehilfsmittel durch ein FTF bereitgestellt, auf das er den Folgeauftrag kommissionieren kann.

Die Investitionskosten sind gegenüber konventionellen Kommissioniersystemen aufgrund des Einsatzes von FTF und des damit verbundenen vermehrten Steuerungsaufwands
deutlich höher. Bei diesem Systemtyp handelt es sich um eine teilautomatisierte Lösung,
die z. B. im Lebensmittelhandel zum Einsatz kommt.

5.5.1.5 Kommissionieren im Hochregal

In den bereits vorgestellten Kommissioniersystemen erfolgt die Fortbewegung
des Kommissionierers zumeist ebenerdig entlang einer Regalfront. Durch den Einsatz
eines Kommissionierstaplers oder eines bemannten Regalbediengeräts (RBG), bei denen
der Kommissionierer in einem Bedienstand gemeinsam mit dem Ladehilfsmittel an
einem Hubgerüst vertikal verfahrbar ist, erfolgt eine zweidimensionale Fortbewegung
(Abb. 5.5). Zur Arbeitserleichterung kann das Ladehilfsmittel mittels eines Sekundärhubs
an die Ablagehöhe des Kommissionierers angepasst werden.

Der Kommissionierer entnimmt die im Regalfach statisch bereitgestellten Auftragspositionen manuell und legt diese in den Sammelbehälter oder auf der Palette ab. Nach
Fertigstellung eines Kommissionierauftrags kehrt der Kommissionierer wieder zum zentralen Übergabepunkt zurück und übergibt dort die Sammeleinheit zur Weiterleitung an
die Verpackung und den Versand. Die Kommissioniererführung wird in diesen Systemen

Abb. 5.5 Kommissionieren im Hochregal

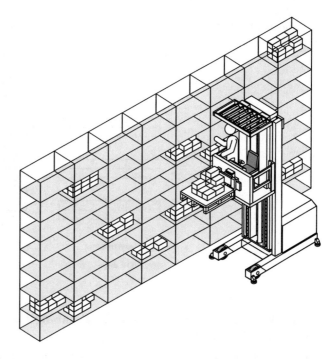

meist mittels einer Pickliste oder eines mobilen Terminals realisiert. Zusätzlich zu der Rundfahrt über mehrere Gassen werden an der Regalwand innerhalb einer Gasse auch mehrere Entnahmeorte angefahren.

5.5.1.6 Manuelle Kommissionierung mit Bahnhöfen

Die Artikel werden bei der manuellen Kommissionierung mit Bahnhöfen, ähnlich wie bei der konventionellen Kommissionierung, statisch in Fachboden-, Durchlauf- oder Palettenregalen bereitgestellt. Die Regale sind gassenförmig angeordnet und der Kommissionierer bewegt sich in den Gassen zu den Entnahmeorten (Abb. 5.6). Dieser Systemtyp unterscheidet sich vom einfachen, manuellen Kommissionieren durch die Installation einer Stetigfördertechnik. Mittels sogenannter Kommissionierbahnhöfe entlang des Zentralgangs werden an vordefinierten Ausschleusstellen die Auftragsbehälter auf eine nichtangetriebene Förderbahn abgeleitet. Die in den Regalgängen entnommenen Artikel werden am Kommissionierbahnhof in den Auftragsbehälter abgegeben. Die Abgabe der Kommissioniereinheiten in den Sammelbehälter kann innerhalb eines Bahnhofs an einer beliebigen Stelle erfolgen. Ebenso kann die Übergabe des Auftragsbehälters auf die angetriebene Fördertechnik an jeder beliebigen Stelle vollzogen werden. Der Vorgang der Abgabe findet also im Gegensatz zum einfachen, manuellen Kommissionieren dezentral statt. In sehr großen Kommissioniersystemen mit einheitlicher Technik werden die Auftragsbehälter von Station zu Station weitergeleitet. Dieser Systemtyp wird häufig auch als Stationskommissionierung, Weiterreichsystem oder Bahnhofskommissionierung bezeichnet.

Abb. 5.6 Kommissionierbahnhof

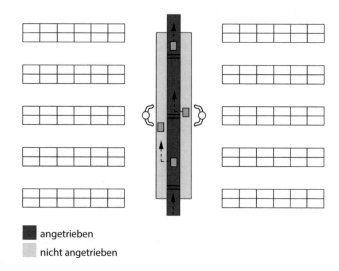

angetrieben

nicht angetrieben

5.5.1.7 Manuelle Kommissionierung – Kombination aus Durchlauf- und Fachbodenregalen

Eine weitere, häufig vorzufindende Systemlösung nach dem Person-zur-Ware-Prinzip ist die Kombination aus Durchlauf- und Fachbodenregalen. Entlang der Durchlaufregalfront verläuft typischerweise eine Stetigfördertechnik zum Transport der Sammelbehälter von Station zu Station. In den Durchlaufregalen werden Schnelldreher zur Entnahme statisch bereitgestellt. Quer zur Durchlaufregalfront sind Fachbodenregale angeordnet, in denen Artikel mit einer geringeren Zugriffshäufigkeit oder für die Lagerung in Durchlaufkanälen ungeeignete Güter statisch bereitgestellt werden (Abb. 5.7). Durch die Stetigfördertechnik (i. d. R. Rollenbahnen) werden die Sammelbehälter zu den sogenannten Kommissionierbahnhöfen befördert. An einem Bahnhof werden die Behälter auf eine nicht angetriebene Rollenbahn ausgeschleust und bis zur Vervollständigung des Auftrags durch den Kommissionierer entlang dieser Bahn bewegt. Der Kommissionierer entnimmt die angeforderten Auftragspositionen aus den Durchlaufkanälen oder bewegt sich stichgangförmig in die Fachbodenregalgassen und legt die Artikel anschließend in den bereitgestellten Behälter. Die fertig bearbeiteten Behälter werden manuell auf die angetriebene Rollenbahn geschoben und zum nächsten Entnahmebahnhof transportiert. Je nach Größe eines Kommissionierbahnhofs können dort ein oder mehrere Kommissionierer arbeiten.

Zur Kommissioniererführung ist bei dieser Systemvariante im Bereich der Durchlaufregalfront ein Pick-by-light-System geeignet, da eine schnelle visuelle Kennung der Entnahmeplätze möglich ist. Je nach Größe der Fachbodenregalanlage ist zu prüfen, ob die Investition in eine Pick-by-light-Anlage rentabel ist oder ob mobile Datenterminals kostengünstiger sind.

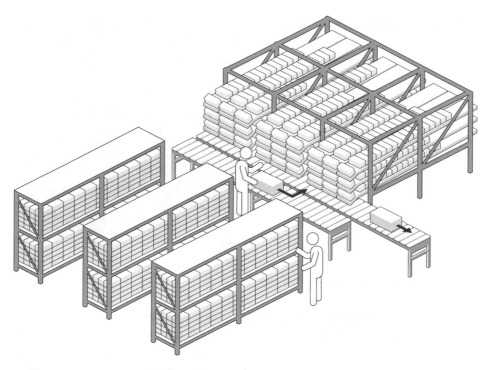

Abb. 5.7 Kombination Fachboden- und Durchlaufregal

5.5.1.8 Verfahrbarer Kommissionierroboter

Verfahrbare Kommissionierroboter bewegen sich ähnlich wie bei der manuellen Person-zur-Ware-Kommissionierung hin zu den statisch bereitgestellten Artikeleinheiten. Bei verfahrbaren Kommissionierrobotern handelt es sich entweder um FTF, die frei in der Ebene verfahrbar sind, oder um schienengeführte Regalbediengeräte mit Greifvorrichtung (Abb. 5.8). In der Pharmabranche werden Systeme installiert, die wie ein Regalbediengerät aufgebaut sind und über eine Greifvorrichtung zur Einzelentnahme der Artikel verfügen. Der Greifvorgang kann je nach zu kommissionierendem Gut durch einen Backengreifer, einen Gelenk-Fingergreifer, einen Saugnapfgreifer oder einen Magnetgreifer realisiert werden. Ähnlich wie beim Schachtkommissionierer ist es erforderlich, dass die Artikel formstabil sind und durch die automatische Entnahme nicht beschädigt werden. Damit der Greifvorgang reibungslos ablaufen kann, wird in der Greifvorrichtung eine sensorge-steuerte Bilderverarbeitung eingebaut. Dies sind meist CCD-Kameras, die Lage und Form eines Artikels erkennen und den Greifarm entsprechend ausrichten können. Eindeutige Nachteile der Roboterkommissionierung sind die hohen Entnahmezeiten, die störungs-anfällige Sensorik und der bis heute nicht effizient umgesetzte „Griff in die Kiste". Diese drei Punkte sind entscheidende Kriterien, die die Ausbreitung der Robotertechnologie in der Kommissionierung verhindern.

Abb. 5.8 RBG als Kommissionierroboter
(Foto: Bito)

5.5.2   Ware-zur-Person-Systemtypen

5.5.2.1 Kommissionierstation mit Behälterregalanbindung

In Kommissioniersystemen, die nach dem Ware-zur-Person-Prinzip arbeiten, findet der Kommissioniervorgang an einer Kommissionierstation, auch Kommissionier-U genannt, statt. Die Ware wird aus einem Lager über eine fördertechnische Anbindung automatisch zur Station transportiert und dort zur Entnahme bereitgestellt (Abb. 5.9). Die Vorhaltung der Artikel findet meist in automatisch bedienten Lagersystemen, wie z. B. einem Automatischen Kleinteilelager (AKL), statt.

Das Regalbediengerät des AKL nimmt den jeweiligen Behälter auf und befördert diesen zum Übergabepunkt am Anfang der Gasse. Dort wird der Behälter einer Rollenbahn zugeführt. Diese befördert den Behälter nun zu dem vorgesehenen Kommissionierplatz. Am Kommissionierplatz selbst wird dem Kommissionierer neben dem Entnahmebehälter auch der Auftragsbehälter bereitgestellt. Die Informationsbereitstellung wird durch verschiedene Informationssysteme wie z. B. ein fest installiertes Terminal oder Pick-by-light und Put-to-light ermöglicht. So zeigt beispielsweise eine Leuchtanzeige die Menge der zu entnehmenden Artikel aus einem Behälter an (Pick-by-light). Ein weiteres Lichtsignal kennzeichnet den Auftragsbehälter, in den die Einheiten zu kommissionieren sind (Put-to-light). Nachdem der Kommissionierer die gewünschte Anzahl eines Artikels aus der Bereitstelleinheit entnommen und in den Auftragsbehälter kommissioniert hat, quittiert er den Vorgang. Der Artikelbehälter wird anschließend über die angetriebene Fördertechnik abgeführt und wieder im AKL eingelagert. Der gesamte Vorgang wird so lange wiederholt, bis alle Auftragspositionen abgearbeitet wurden. Daraufhin wird auch der Auftragsbehälter, meist über Fördertechnik, in Richtung Verpackung und Versand abgeführt.

Für die Gestaltung der Bedienstation gibt es mehrere Möglichkeiten. Eine Option ist, einen oder mehrere Entnahmebehälter bereitzustellen. Ebenso kann in einen oder mehrere Sammelbehälter kommissioniert werden. Der Abtransport beider Behälter kann getrennt

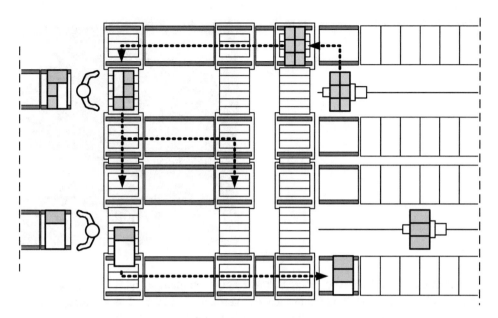

Abb. 5.9 Kommissioniersystem mit Behälterregalanbindung

über verschiedene Förderbahnen oder über eine gemeinsame Förderbahn erfolgen. Die Realisierung ist je nach Hersteller oder je nach Kommissioniersystem unterschiedlich. In jedem Fall sollte der ergonomischen Gestaltung der jeweiligen Kommissionierarbeitsplätze besonderes Augenmerk gewidmet werden, denn durch eine ergonomische Bauweise ist es möglich, den Ermüdungsprozess des Kommissionierers zu verlangsamen und eventuellen Beschwerden durch Fehlbelastungen vorzubeugen. Die Anzahl der Kommissionierstationen vor einem AKL ist abhängig von der geforderten Kommissionierleistung und muss ausreichend dimensioniert werden.

Alternativ zum AKL gibt es auch Systemlösungen, bei denen ein Hochregal mit Palettenstellplätzen eingesetzt wird. Der Ablauf des Kommissionierprozesses ist hierbei analog zur bereits vorgestellten Lösung. Lediglich der Ladungsträger und die dafür erforderliche Systemtechnik (z. B. Kettenförderer, Regalbediengerät für Paletten) unterscheiden sich. An der Bedienstation werden häufig Hubtische zur Angleichung der Entnahme- und Abgabehöhe eingesetzt.

5.5.2.2 Kommissionierstation mit Shuttlesystemanbindung

Eine Alternative zur herkömmlichen Regalbedienung durch Regalbediengeräte sind sogenannte Shuttlefahrzeuge. Sie bewegen sich auf Führungsschienen entlang einer Gasse und sind zunächst an eine Ebene gebunden. Unterschiedliche Lastaufnahmemittel, wie z. B. Riemenförderer oder Ziehmechanismen, ermöglichen die Aufnahme von verschiedenen Behältern oder Kartonagen (Abb. 5.10). Die Energieversorgung kann durch Schleifleitungen, durch mitgeführte Akkus oder induktiv über die Schienen in der Regalkonstruktion

Abb. 5.10 Multishuttle (Foto: Fraunhofer IML)

stattfinden. Hat ein Fahrzeug einen Behälter aufgenommen, so fährt es zurück an den Anfang einer Gasse. Dort befindet sich ein Vertikalförderer, z. B. ein Aufzug. Dieser nimmt entweder das Shuttlefahrzeug inklusive Behälter oder nur den Behälter in Empfang und befördert seine Ladung an den Übergabepunkt. Hier wird der Behälter an eine Fördertechnik abgegeben und gegebenenfalls ein neuer Behälter zur Rücklagerung aufgenommen. Der Vertikalförderer setzt das Shuttlefahrzeug mit dem neuen Behälter in der dafür vorgesehenen Ebene wieder ab. Neben Shuttlefahrzeugen, die nur innerhalb des Regals verfahren, existieren auch Lösungen, bei denen das Fahrzeug für den Transport des Behälters bis zur Kommissionierstation eingesetzt werden kann (z. B. das Multishuttle™). (s. Kap. 4 Lagersysteme)

Der Vorteil dieses Systems besteht in der flexiblen Nutzung der autonom voneinander agierenden Fahrzeuge. Tagesspitzen und wechselnde Kapazitätsanforderungen können mit einem zweiten Lift pro Gasse oder der Variation der Anzahl an Fahrzeugen bewältigt werden.

Die Bedienstationen sind bei dieser Systemvariante ähnlich wie bei der vorhergehenden Variante aufgebaut.

5.5.2.3 Kommissionierstation mit Horizontal-Umlaufregalanbindung

Anstelle eines AKL erweisen sich auch horizontale Umlaufregale als leistungsstarke Alternative zur Versorgung der Kommissionierstationen mit Artikelbehältern. Horizontale Umlaufregale, auch Karusselllager genannt, bestehen entweder aus abgehängten oder durch Fahrwerke getragenen Regalen oder aber aus unabhängig voneinander verfahrbaren Ebenen. Der Antrieb erfolgt jeweils über horizontal umlaufende Ketten. Um das entsprechende Lagerfach zu erreichen, wird die Kette bewegt, bis sich die relevante Lagersäule an der Entnahmefront befindet. Befindet sich der angeforderte Artikelbehälter nicht auf der Entnahmeebene, kann dieser mit einem Vertikalförderer auf die Ebene des Kommissionierplatzes gefördert werden. Dort wird er an eine Rollenbahn übergeben

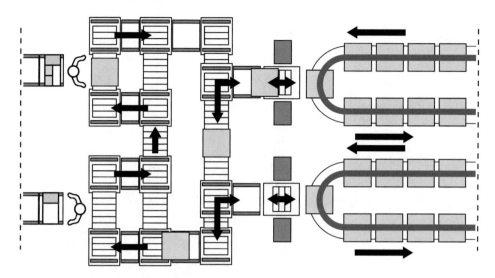

Abb. 5.11 Kommissionierstation mit Horizontalumlaufregal

und zur Kommissionierstation transportiert. Die Kommissionierung findet zumeist an der Stirnseite des Regals statt (Abb. 5.11).

In einem Kommissioniersystem ist es auch möglich, mehrere dieser einzelnen horizontalen Umlaufregale in ein System zu integrieren. So bilden beispielsweise zwei oder mehr Karussellmodule ein System, das über einen Fördertechnikumlauf untereinander verbunden ist. Die Behälter werden an der Stirnseite durch eine Ziehvorrichtung auf einen Vertikalförderer ausgelagert und auf die Ebene der Stetigfördertechnikanbindung befördert. Die Behälter werden dann über einen Fördertechnikumlauf dem entsprechenden Kommissionierplatz zugeführt und nach dem erfolgreichen Kommissioniervorgang wieder zurückgelagert. Die Bedienstationen sind bei dieser Systemlösung ebenfalls ähnlich aufgebaut wie bei den oben beschriebenen Ware-zur-Person-Lösungen. Die Kommissioniererführung kann ebenfalls mit festen Terminals oder visuellen Anzeigen durchgeführt werden. Eingesetzt werden diese Systemtypen bei mittleren Entnahmemengen pro Artikel bei einem großen Artikelspektrum.

5.5.2.4 Vertikal-Umlaufregale und Liftsysteme

Eine kompakte, teilautomatisierte Form der Kommissionierung nach dem Ware-zur-Person-Prinzip ist durch den Einsatz eines vertikalen Umlaufregals oder eines Liftsystems gegeben.

Vertikale Umlaufregale, auch Paternosterregale genannt, verfügen über Regalböden oder Wannen, die an zwei vertikal umlaufenden Ketten befestigt sind (Abb. 5.12). In den Regalböden werden typischerweise Werkzeuge, Kleinteile oder Akten gelagert. Zur Entnahme der Güter ist ein vordefinierter Zugriffsbereich über eine oder mehrere Ebenen vorgesehen. Die Ketten werden für den Zugriff auf einen Artikel bewegt, bis der entsprechende Regalboden im Zugriffsbereich liegt.

Abb. 5.12 Vertikales
Umlaufregal

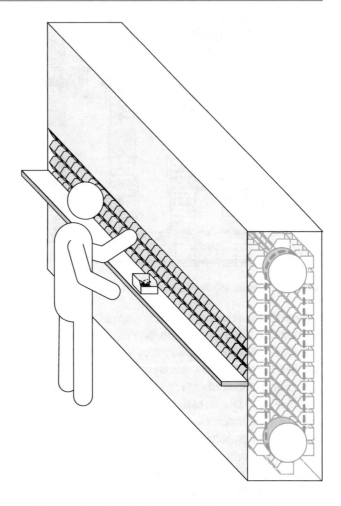

Ein analoges Vorgehen mit differierender Technik bietet der Einsatz von Turmregalen bzw. Liftsystemen. Sie sind eine minimalisierte Form der Regalzeilenlagerung. Die Artikel werden meist direkt auf Tablaren oder in darauf befindlichen Behältern eingelagert. Die Tablare werden turmartig übereinander in Lagerfächer eingeschoben. Zentral ist ein vertikal verfahrbarer Lift angeordnet, der die entsprechenden Tablare beidseitig mittels einer Ziehvorrichtung auslagern, zum vordefinierten Zugriffsbereich befördern und dynamisch zur Entnahme bereitstellen kann.

Die Informationsbereitstellung kann mittels Pick-by-light-Anzeigen oder durch Ausleuchten des entsprechenden Entnahmebehälters erfolgen. Der Kommissionierer entnimmt die entsprechenden Artikel und legt diese in den Sammelbehälter ab. Nach Fertigstellung des Auftrags wird der Sammelbehälter meist über eine hinter dem Kommissionierer angeordnete Stetigfördertechnik abgegeben. Die Installation von Kommissionierbahnhöfen, bei denen ein Auftragsbehälter mehrere Kommissionierstationen ansteuert, ist bei dieser Systemvariante möglich.

Beide Systemlösungen bieten Schutz vor Verschmutzung und haben einen hohen Raumnutzungsgrad. Sie eignen sich zur Kommissionierung von geringen Mengen, i. d. R. Mittel- bis Langsamdreher. Typische Einsatzgebiete sind Ersatzteillager, die Werkzeuglagerung sowie die Lagerung von Produktiv- und Gemeinkostenmaterialien.

5.5.2.5 Stationärer Kommissionierroboter mit Palettenregalanbindung

Kommissionierroboter stellen eine weitere Form der automatischen Kommissionierung dar. Es existieren verschiedene Ausführungsformen, grundlegend können hierbei ortsfeste Kommissionierroboter und verfahrbare Kommissionierroboter, wie z. B. schienengeführte Regalbediengeräte oder Fahrerlose Transportfahrzeuge, unterschieden werden. Kennzeichnendes Merkmal ist bei beiden Varianten die automatische Entnahme der Artikel.

Ortsfeste Kommissionierroboter arbeiten nach dem Ware-zur-Person-Prinzip und entnehmen die dynamisch bereitgestellten Artikel mittels eines Greifmechanismus. Bei diesen Kommissionierrobotern handelt es sich meist um die sogenannten Knickarmroboter. Sie sind mit mehreren Achsen ausgestattet und können vertikal und horizontal innerhalb eines begrenzten Radius agieren (Abb. 5.13). Hinsichtlich ihrer Bewegungsabfolge sind sie frei programmierbar und gegebenenfalls sensorgeführt. Hauptsächlich werden sie zum Kommissionieren von Paletten eingesetzt. Die eingebaute Greifvorrichtung richtet sich nach dem zu kommissionierenden Gut. Eine Bereitstellung der Paletten kann entweder durch Flurförderzeuge oder vollautomatisch durch Anbindung eines automatisch bedienten Palettenregals über eine stetige Palettenfördertechnik erfolgen. Neben den bekannten Robotern mit Knickarm zur Depalettierung gibt es auch Varianten, die einen

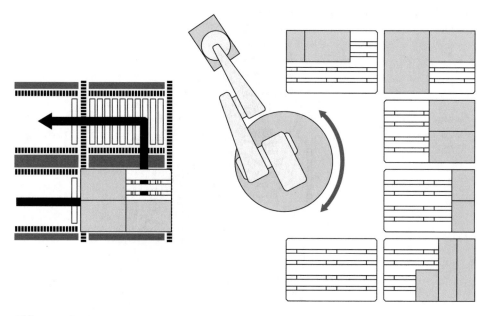

Abb. 5.13 Stationärer Kommissionierroboter

Portalkran zur Kommissionierung einsetzen. Der gesamte Kommissioniervorgang läuft bei dieser Systemvariante vollautomatisiert ab.

5.5.2.6 Schachtkommissionierer

Schachtkommissionierer dienen zur automatischen Vereinzelung von Gütern. Die Form und Stabilität der vertriebenen Artikel ist entscheidend für den Einsatz eines Schachtkommissionierers. Geeignet sind überwiegend Artikel mit einer rechteckigen Form oder Verpackung. Die Artikel werden in Schächten bereitgestellt. Die Größe eines Schachtes lässt sich individuell an die Artikelmaße anpassen, so dass eine optimale Raumausnutzung gewährleistet ist. Es findet keine Durchmischung von Artikeln in einem Schacht statt, die Bereitstellung erfolgt sortenrein in einem Kanal. Am unteren Ende eines Schachtes befindet sich ein Ausschubelement, das die Artikel aus dem Schacht auf das abführende Förderband wirft (Abb. 5.14). Dies geschieht meist auftragsweise, d. h. alle Positionen für einen Auftrag werden in einem zugewiesenen Abschnitt auf dem Förderband gesammelt und in einen wartenden Auftragsbehälter abgeführt. Das Steuerungssystem ordnet dabei jedem Auftrag ein virtuelles Fenster auf dem Fördergurt zu. Die Befüllung des Behälters kann durch einen Trichter am Ende des Förderbands vereinfacht werden. Schachtkommissionierer existieren in mehreren Ausführungsformen.

Probleme treten beim bedarfsgerechten Nachschub auf, da die Befüllung der Schächte im Gegensatz zum Kommissioniervorgang meist nicht automatisiert ist und manuell durchgeführt werden muss. Zur Optimierung dieses Vorgangs verfügen einige Systeme über einen Füllstandsanzeiger an jedem Schacht. Falls die Bestückung eines Schachtes zu gering ist, wird

Abb. 5.14 Schachtkommissionierer

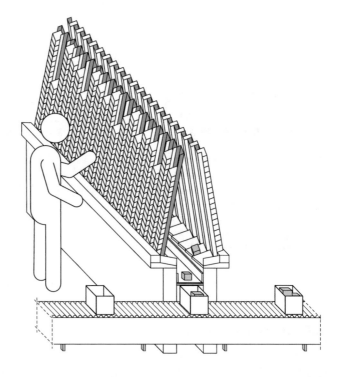

mittels einer Leuchtdiode der Bedarf signalisiert. Auf einem kleinen Display werden ebenfalls die Mengeninformationen und der Standort des Artikels für den Nachschub angezeigt.

Schachtkommissionierer zählen zu den leistungsstärksten Kommissioniertechniken und werden vorwiegend in der Pharmabranche eingesetzt. Sie werden aber auch zur Kommissionierung von CDs und DVDs verwendet. Einige Schnelldreherautomaten können bis zu 2400 Aufträge pro Stunde bearbeiten und haben eine im Vergleich zur manuellen Kommissionierung sehr geringe Fehlerrate von < 0,01 %. Im Schnelldreherbereich kann durch die hohe Geschwindigkeit der Automaten eine schnelle Auftragsbearbeitung und somit eine kurze Durchlaufzeit garantiert werden. Eine Überalterung der Produkte wird bei dieser Kommissioniertechnik durch die bedingte Ausgabe nach dem FIFO-Prinzip vermieden.

5.5.3 Kombinierte Systemtypen

5.5.3.1 Zweistufige Kommissionierung mit Pick-to-belt

Bei dem zweistufigen System mit Pick-to-belt werden die Auftragspositionen zunächst artikelweise in einem konventionellen Kommissioniersystem aus Fachboden-, Behälter- oder Durchlaufregalen nach dem Person-zur-Ware-Prinzip kommissioniert. Die manuell entnommenen Einheiten werden direkt auf einen parallel zur Entnahmefront angeordneten angetriebenen Gurt- bzw. Bandförderer abgegeben (Pick-to-belt), der die Artikel daraufhin zur Sortieranlage transportiert (Abb. 5.15). Die Abgabe erfolgt demzufolge dezentral.

Abb. 5.15 Zweistufiges
Kommissionieren

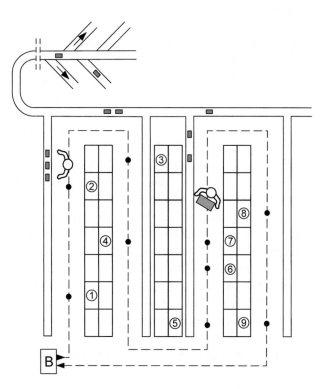

In der Sortieranlage erfolgt die Zuordnung der einzelnen Artikel zu den entsprechenden Kundenaufträgen. Ein Kundenauftrag wird meist in einer Endstelle des Sorters gesammelt. Die Artikel müssen dazu über ein eindeutiges Identifizierungsmerkmal verfügen (z. B. Barcode oder RFID-Tag). In der zweiten Kommissionierstufe erfolgt die Zuweisung der Artikel zum Kundenauftrag nach dem Ware-zur-Person-Prinzip. Es handelt sich also bei diesem Systemtyp um eine teilautomatisierte Lösung, bei der beide Kommissionierprinzipien miteinander kombiniert werden.

Die Kommissioniermethode Pick-to-belt ist dabei streng mit der artikelorientierten Kommissionierung verbunden und nicht mit dem Pick-to-box-Prinzip zu verwechseln, bei dem die Artikel in einen Auftragsbehälter kommissioniert werden, der im Anschluss über eine Förderbahn abtransportiert wird. Vorteile der Pick-to-belt-Methode liegen in der unbegrenzten Sammelkapazität des Kommissionierers, da keine Einschränkungen aufgrund eines Ladehilfsmittels zur Sammlung von Kommissioniereinheiten bestehen. Demzufolge ist die Anzahl der Auftragspositionen der Kommissionieraufträge nicht limitiert.

Die Sortieranlage in zweistufigen Kommissioniersystemen mit Batchbetrieb wird üblicherweise in einer Loopstruktur angeordnet, damit Auftragspositionen ggf. temporär auf dem Kreislauf rezirkulieren können, falls alle Endstellen belegt sind. Weit verbreitete Sorter in diesem Bereich sind Kippschalen- und Quergurtsorter. Welche Sortiertechnik in einem zweistufigen System zum Einsatz kommt, ist abhängig von der Artikelbeschaffenheit und muss im Einzelfall entschieden werden. Die Kommissioniererführung kann in der ersten Stufe mittels Pick-by-light-Anzeigen, Pick-by-voice oder mobilen Handterminals erfolgen.

5.5.3.2 Kommissionieren entlang einer Regalfront am AKL

Eine weitere Möglichkeit der kombinierten Kommissionierung ist die Kommissionierung entlang einer Regalfront in einem Automatischen Kleinteilelager (AKL). Hier werden die Bevorratung und die Kommissionierung von Artikeln miteinander verknüpft. Die unteren Ebenen des Regals sind in diesem Fall keine Lagerfläche, sondern Bereitstellplätze für die Kommissionierung. Sie werden vom Regalbediengerät mit Artikelbehältern versorgt (Abb. 5.16). Entlang der Regalfront verläuft typischerweise eine Stetigfördertechnik. Dort befinden sich auch ein Kommissionierbahnhof oder mehrere Kommissionierbahnhöfe, an denen Auftragsbehälter durch Fördertechnik ein- und ausgeschleust werden können, sofern für den Auftrag relevante Artikel in diesem Bereich bereitgestellt werden. Ein Pick-by-light-System instruiert den Kommissionierer, der sich vor der jeweiligen Regalfront bewegt, und visualisiert, wie viele Artikel aus welchem Behälter in den entsprechenden Auftragsbehälter kommissioniert werden müssen. Ist der Kommissioniervorgang abgeschlossen, wird der Auftragsbehälter auf die angetriebene Fördertechnik geschoben und abgeführt. Je nach Auftrag durchläuft der Behälter gegebenenfalls noch einen oder mehrere Bahnhöfe. Die Implementierung von anderen Informationssystemen, wie Pick-by-voice oder einer einfachen Kommissionierliste, ist hier problemlos möglich. Durch die direkte Eingliederung in das Kleinteilelager ist das Regalbediengerät in der Lage, eine schnelle und effiziente Bereitstellung zu ermöglichen.

Abb. 5.16 Regalfront an AKL

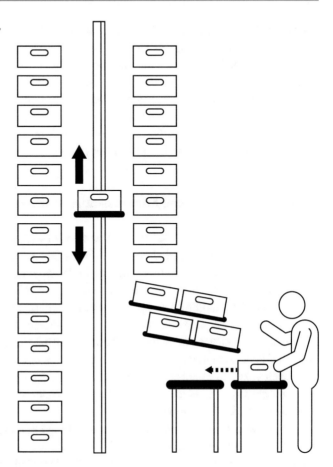

Die Bereitstellung kann hierbei differenziert werden. Schnelldrehern wird meist ein fester Bereitstellplatz in einem Durchlaufkanal zugeordnet. Das Regalbediengerät sorgt von der anderen Seite lediglich für Nachschub in den mehrfachtiefen Fächern. Zusätzlich ist dieser Systemtyp in der Lage, nur die Behälter bereitzustellen, die für freigegebene Aufträge erforderlich werden. Dafür ist neben den festen Plätzen für Schnelldreher eine Reihe von Plätzen für Mittel- bis Langsamdreher vorgesehen. Die Artikel werden in die dazu vorgesehenen Lagerplätze mittels RBG dynamisch bereitgestellt und nach erfolgreicher Kommissionierung wieder zurückgelagert.

Besonders effizient ist diese Form der Kommissionierung in Verbindung mit dem Pick&Pack-Prinzip. Anstelle von Behältern wird hier direkt in versandfertige Packstücke kommissioniert.

5.5.3.3 Inverses Kommissionieren

Im Fall des inversen Kommissionierens sind die Kundenauftragsbehälter in einem Regal angeordnet. Artikelreine Behälter werden aus einem entfernten Lagerbereich zum

Entnahmeplatz transportiert und zur Entnahme nach dem Ware-zur-Person-Prinzip bereitgestellt. Die Abgabe erfolgt in die im Regal befindlichen Kundenauftragsbehälter. Der
Kommissionierer bewegt sich mit der Bereitstelleinheit zu den einzelnen Auftragsbe-
hältern. Die Fortbewegung erfolgt ähnlich dem Person-zur-Ware-Prinzip. Nach Vervollständigung des Auftrags werden die Kommissioniereinheiten durch weitere Mitarbeiter
zum Versand befördert. Das Verfahren wird als inverse Kommissionierung bezeichnet und
findet in den letzten Jahren insbesondere im E-Commerce-Bereich zunehmend Bedeutung
(sehr großes Sortiment und viele kleine Aufträge).

5.5.4 Vollautomatische Kommissioniersysteme

Obwohl bereits seit den 1970er Jahren Systeme zur automatischen Entnahme von Kolli
von Paletten existieren, verhindern nach wie vor technische und wirtschaftliche Hemmnisse eine Verbreitung der Automatisierung in der Kommissionierung in dem Maße, wie
sie in anderen industriellen Bereichen, beispielsweise bei Schweiß- oder Montagearbeiten, zu finden ist [KAP86]. Die technischen Hindernisse resultieren vor allem aus den in
vielen Bereichen der Logistik vorherrschenden inhomogenen Randbedingungen (unterschiedliche Artikelbeschaffenheit, wechselnde Sortiments- und Auftragsstrukturen etc.).
Wirtschaftliche Hemmnisse entstehen durch die erforderliche Konkurrenzfähigkeit zu
manuellen (bzw. mechanisierten und teilautomatisierten) Systemen. Diese sind häufig
nicht nur günstiger, sondern vor allen Dingen flexibler als automatische Lösungen (vgl.
[Bec93, S. 1 f., S. 25; JPD+89; Kes82]).

Die Grenzen, ab denen sich eine Automatisierung lohnt (z. B. die erforderliche Homo-
genität des zu bearbeitenden Artikelspektrums), sinken mit dem technischen Fortschritt.
In einzelnen Bereichen des Materialflusses ist die Automatisierung bereits weit verbreitet,
beispielsweise in der Fördertechnik, der Lagertechnik oder in der Palettierung gleicharti-
ger Güter. Die komplette Automatisierung eines Kommissioniersystems von der Einlagerung der Lagereinheit bis zur Bildung der Versandeinheit ist jedoch nach wie vor selten.
Erst seit Beginn des 21. Jahrhunderts sind in nennenswertem Maße Standardlösungen
für die Realisierung automatischer Distributionszentren bei Handhabung größerer Artikelspektren auf dem Markt verfügbar. Diese Systeme finden Einsatz in der Einzelhandelsbranche (insbesondere im Lebensmittelhandel) und sind für hohe Umschlagleistungen
bis zu 300.000 Kolli/Tag ausgelegt. Als Lagereinheiten werden dort Paletten verwendet.
Zur Bildung von Versandeinheiten werden Paletten oder Gitterrollwagen eingesetzt, was
die Anforderungen der Einzelhandelsbranche widerspiegelt (vgl. [Hof08; Log08; Pri08;
Wöh08; IIHW+08; Pie08]).

Der technische und wirtschaftliche Aufwand zur Realisierung automatischer Kommissioniersysteme bleibt jedoch hoch, da die Artikel nicht direkt im Vorratslager von Paletten
kommissioniert werden können, sondern hierzu in einem Kommissionierlager bereitgestellt werden müssen. Je seltener ein Artikel benötigt wird, desto eher ist dieser Aufwand
für den jeweiligen Artikel in Frage zu stellen. Dabei machen in der Regel gerade die selten
benötigten C-Artikel einen großen Anteil des Artikelsortiments aus.

5.5.4.1 Systemtypen

Nachfolgend werden die Systeme in Anlehnung an die Klassifizierung nach [Gud05] nach der Art der Zusammenführung von Kommissionierer und Bereitstelleinheit geordnet vorgestellt (Abb. 5.17) [Müh14]. Dabei können vier Gruppen gebildet werden:

1. Bereitstelleinheit ortsfest, Kommissionierer beweglich (Person-zur-Ware)
2. Kommissionierer ortsfest, Bereitstelleinheit beweglich (Ware-zur-Person)
3. Bereitstelleinheit und Kommissionierer ortsfest
4. Bereitstelleinheit und Kommissionierer beweglich

1. Kommissionierer beweglich, Bereitstelleinheit ortsfest

Automatische Person-zur-Ware-Systeme können auf verschiedene Arten realisiert werden. Je nach Ausführung (eingesetzte Greiftechnik, Bewegungsart des Kommissionierers, mit oder ohne Mitführung eines Sammelbehälters etc.) lassen sich hier weitere Untergruppen bilden [Zho91].

Praktische Anwendung finden derartige Systeme zum Beispiel in Form von gassen- oder auch kurvengängigen weggebundenen Robotern zur automatischen Kommissionierung von Kleinteilen. Dabei ist jedoch ein manueller Nachschub notwendig, so dass das Gesamtsystem nur teilautomatisiert ist [Bec93, S. 35 f.; VDI99].

In der Praxis existieren auch automatische Systeme, die mit Portalrobotern arbeiten. Diese lagern kleine quaderförmige Packstücke in Schubladen ein und aus. Zur Einlagerung können die Packstücke zwar ungeordnet bereitgestellt werden, müssen allerdings bereits vereinzelt sein, da keine automatische Auflösung größerer Gebinde stattfinden kann. Auch für größere Packstücke existieren automatische Person-zur-Ware-Systeme.

Eines der ersten Systeme, das schon vor über 20 Jahren realisiert wurde, ist der Kommissionierroboter ROMEO (Abb. 5.18 links). Dabei handelt es sich um einen schienengebundenen Roboter, der von Palette auf einen Stetigförderer oder auf Paletten kommissionieren kann [Bec93, S. 37 f.]. Ein weiterer Kommissionierroboter, der sogenannte

Abb. 5.17 Systematisierung der Lösungen zur automatischen Kommissionierung nach Mobilität von Kommissionierer und Bereitstelleinheit

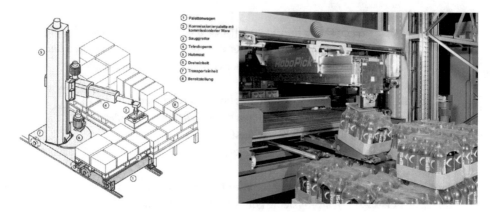

Abb. 5.18 Automatische Person-zur-Ware-Systeme; links: Kommissionierroboter ROMEO [JPD+89]; rechts: Robopick beim Zugriff auf einen Kollo. (Foto: Fraunhofer IML)

Robopick (Abb. 5.18 rechts), ermöglicht ebenfalls die Kommissionierung von Artikeln von Palette, die Abgabe erfolgt hier jedoch dezentral auf einen Stetigförderer. Durch die eingesetzte Aufwälz- und Greiftechnologie ist die Handhabung eines größeren Artikelspektrums möglich. Auch mit Flächenportalrobotern wurden automatische Person-zur-Ware-Systeme umgesetzt. Mit einer automatischen Bereitstellung der Bereitstelleinheiten und Abholung der Kommissioniereinheiten ist hier die Realisierung automatischer Systeme möglich [VDI99].

Auch Automatische Kleinteilelager (AKL) können als Kommissionierer eingesetzt werden. Voraussetzung ist eine Einlagerung der Artikel in Form von Entnahmeeinheiten. Dann kann das Regalbediengerät (RBG) des AKL einzelne Entnahmeeinheiten auslagern, so dass jede Auslagerung einem Pick entspricht. Da die Vereinzelung der Artikel zu Entnahmeeinheiten vor der Einlagerung in das AKL stattfinden muss, handelt es sich hier immer um zweistufige Systeme. Diese Technik wird unter anderem in verschiedenen automatischen Distributionszentren angewandt (vgl. [Mat08; Log08]).

2. Kommissionierer ortsfest, Bereitstelleinheit beweglich

In mit Kommissionierrobotern realisierten Ware-zur-Person-Systemen wird der Kommissionierer über eine Fördertechnik oder durch direkten Anschluss an ein automatisches Lagersystem mit Bereitstelleinheiten versorgt. Derartige Systeme werden sowohl mit Linien- oder Flächenportalrobotern als auch mit Knickarmrobotern realisiert [Bec93, S. 34; Piv85; VDI99].

Zur Entlastung des Systems bei der Bereitstellung der Artikel kann der Kommissionierer über einen Puffer verfügen, in dem stark frequentierte Artikel befristet gelagert werden. Der Puffer kann dabei auch zur zeitlichen Entkopplung von Bereitstellsystem und Kommissionierer dienen. Abb. 5.19 zeigt zwei mögliche Ausführungen automatischer WzP-Systeme mit Portalrobotern.

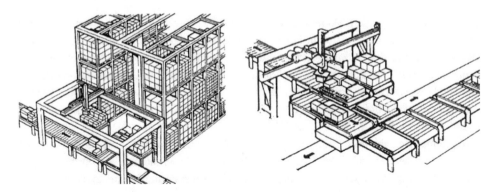

Abb. 5.19 Automatische Ware-zur-Person-Systeme; links: direkter Anschluss an ein automatisches Palettenlager; rechts: Artikelzuführung über einen Unstetigförderer, Ausführung mit Vorratspalettenpuffer (ganz rechts im Bild) [Piv85]

3. Kommissionierer ortsfest, Bereitstelleinheit ortsfest

Diese Gruppe kann in zwei Untergruppen unterteilt werden, in automatisierte Kommissioniernester, in denen ein Kommissionierer verschiedene Artikel bearbeiten kann, und in Systeme, in denen zu jedem Artikel ein fest zugeordneter Kommissionierer eingesetzt wird. In automatisierten Kommissioniernestern erfolgt die Zuführung der Bereitstelleinheiten wie bei Ware-zur-Person-Systemen über eine Fördertechnik oder durch direkten Anschluss an ein automatisches Lager. Jedoch werden die bereitgestellten Artikel nicht wieder zurückgelagert, sondern verbleiben beim Kommissionierer; es handelt sich also um einen Nachschubvorgang.

Der Übergang zum Person-zur-Ware-System kann hier fließend sein. Als Beispiel soll ein System mit einem Portalroboter als Kommissionierer dienen, in dem der Nachschub über eine automatische Fördertechnik erfolgt. Kommissioniert der Portalroboter von lediglich zwei Bereitstellplätzen, so kann die Bewegung des Roboters zwischen den beiden Plätzen dem Greifvorgang zugeschrieben und nicht separat als Wegzeit berücksichtigt werden. Dagegen würde bei einem großen Flächenportalroboter mit Zugriff auf eine große Zahl von Bereitstellplätzen die Zeit zum Anfahren eines zu kommissionierenden Artikels nicht in der Greifzeit berücksichtigt, sondern als separate Wegzeit ausgewiesen werden. So würde im ersten Fall von einem Kommissioniernest und im zweiten Fall von einem Person-zur-Ware-System gesprochen werden, obwohl beide Systeme vom Grundaufbau her gleich sind und sich nur durch die Anzahl der im Zugriff befindlichen Artikel unterscheiden.

In automatischen Kommissioniernestern herrscht eine multiple Zuordnung des Kommissionierers zu den Artikeln, d. h. der Kommissionierer kann verschiedene Artikel bearbeiten. Dagegen lässt sich die zweite Untergruppe ortsfester Kommissionierer mit ortsfesten Bereitstelleinheiten abgrenzen, welche sich durch eine singuläre Artikelzuordnung auszeichnet, d. h. ein Kommissionierer ist genau einem Artikel zugeordnet. Zu dieser Untergruppe zählen die sogenannten Schachtkommissionierer (auch A-Frame genannt, Abb. 5.14 links). Dabei handelt es sich um Kommissionierautomaten, bei denen mit Artikeln gefüllte Magazine in Form von senkrechten Schächten entlang einer Förderstrecke angeordnet sind. Am unteren Ende eines jeden Schachtes befindet sich ein Ausschiebemechanismus, mit dem die Artikel auf die Förderstrecke oder in auf ihr vorhandene Behälter ausgeworfen werden können. A-Frames eignen sich für quaderförmige, kleinvolumige Packstücke und werden vor allem im Pharma- und Kosmetikgroßhandel eingesetzt [VDI99; Bec93, S. 31 f.; Bac88; Ver06].

Systeme, die nach dem Grundprinzip der Schachtkommissionierer arbeiten, existieren auch für größere Artikel. Hier sind die Artikel anstatt in Schächten auf Förderstrecken oder Durchlaufregalen gelagert, die rechtwinklig zu einer Förderstrecke angeordnet sind. Artikel können auf diese Förderstrecke ausgeschleust werden [Bor75].

Ein ähnliches System verwenden Kommissioniertürme, in denen die Artikel artikelrein gelagert und aus denen sie auf Stetigförderer abgegeben werden. In diesen Türmen sind die Artikel jedoch nicht wie in den Schächten aufeinander gestapelt, sondern auf aufsteigenden Kaskaden kippbarer Rollenförderer-Elemente gelagert [Ver09].

4. Kommissionierer beweglich, Bereitstelleinheiten beweglich
Eine automatische Kommissionierung, bei der Bereitstelleinheiten und Kommissionierer beweglich sind und die kommissionierten Artikel einer ortsfesten Auftragsablage zugeführt werden, ist in einer Ausführungsvariante automatischer Distributionszentren realisiert [IIHW+08; Pie08]. Dort werden die Bereitstelleinheiten in einem automatischen Lagersystem gelagert und zur Kommissionierung einer Vereinzelungsmaschine auf Bereitstellplätzen angeboten.

Die Vereinzelungsmaschine kann wiederum vertikal verfahren, um sich zwischen Bereitstellplätzen, Pufferplätzen und Artikelabgabe zu bewegen. Die Artikelabgabe erfolgt auf Stetigförderer, welche die kommissionierten Güter zu den Auftragsablagen bewegen.

5.5.4.2 Ein 4-Stufen-Modell automatischer Kommissioniersysteme
Der Aufbau eines automatischen Kommissioniersystems lässt sich mithilfe eines vierstufigen Grundmodells beschreiben:

1. In der ersten Stufe *Vorratslager* werden die Artikel auf Paletten gelagert. Bei der Auslagerung der Paletten in die zweite Stufe erfolgt die Vereinzelung und Verheiratung der Artikel mit dem Ladehilfsmittel (LHM).
2. Die zweite Stufe *Kommissionierlager* kann als großer Kommissionierpuffer in Form eines AKL beschrieben werden. In diesem stehen die Kolli bei Bedarf bereits (teil)vereinzelt zum schnellen automatischen Zugriff zur Verfügung. Auch wenn alle vorgestellten Systeme Ladehilfsmittel verwenden, so ist das beschriebene 4-Stufen-Modell prinzipiell auch ohne den Einsatz von LHM möglich.
3. Die dritte Stufe kann mehrere Schritte beinhalten und übernimmt je nach System verschiedene Aufgaben. Erstens stellt sie einen Puffer zwischen zweiter und vierter Stufe dar, um für eine gleichmäßige Auslastung der vierten Stufe zu sorgen. Zweitens findet

hier die Sequenzierung der Artikel statt, um den richtigen Artikel zur richtigen Zeit für die Palettierung bereitzustellen. Drittens kann hier die Vereinzelung zu Kolli notwendig sein.

4. In der vierten Stufe *Palettierung* werden aus den vereinzelten Kolli automatisch Mischpaletten gebildet. Die Auftragsablage ist damit stets ortsfest und wird nicht vom Kommissionierer mitgeführt. Da bei der automatischen Mischpalettenbildung die Einhaltung eines vorgegebenen Packmusters notwendig ist und die vierte Stufe über keinen eigenen Puffer verfügt, müssen die Artikel in der richtigen Reihenfolge von der dritten Stufe zur Verfügung gestellt werden.

Die eigentliche Kommissionierung, der Pick des benötigten Artikels, findet je nach System in der zweiten, dritten oder vierten Stufe statt. Sind die Kolli bereits einzeln auf Tablaren gelagert, so erfolgt die Auslagerung des Tablars gleich dem Pick und die Kommissionierung findet in der zweiten Stufe statt. Andernfalls ist die Auslagerung gleich der Bereitstellung. Die weitere Vereinzelung in der zweiten oder dritten Stufe ist dann gleich dem Pick und die Kommissionierung wird dort vollzogen.

Literatur

[Bac88]	Backmerhoff, W.: Beitrag zur Automatisierung von Kommissioniersystemen. Berlin: Huss-Verlag, 1988
[Bec93]	Becker, Thomas: Automatische Kommissionierung: Eignungskriterien und Wirtschaftlichkeitsnachweis; eine Studie am Beispiel der Tonträger-Auslieferung eines logistischen Dienstleisters. Dortmund: LogBuch Verl. für Logistik in Praxis und Wiss., 1993 (Logistik aktuell). -ISBN 3-929383-12-8
[GuD73]	Gudehus, T.: Grundlagen der Kommissioniertechnik Dynamik der Warenverteil- und Lagersysteme. Gidaret W. Verlag, Essen, 1973
[GUD78]	Gudehus, T.: Die mittlere Zeilenzahl von Sammelaufträgen. In: Zeitschrift für Operations Research 22, pp B71–B78, 1978
[GUD05]	Gudehus, T.: Logistik - Grundlagen, Strategien, Anwendungen. Springer Verlag, Berlin Heidelberg New York London Paris Tokyo, 2005
[Hof08]	Hofer, Patrick: Swisslog geht in die Vollen. In: Logistik &Fördertechnik (2008), Nr. 11, S. 40–41
[IIHW+08]	Irrgang, Reinhard; Issing, Elmar; Hahn-Woernle, Christoph; Neubauer, Hannes: Griff in die Vollen. In: Maschinen Markt Logistik (2008), Nr. 7, S. 24–27
[JPD+89]	Jünemann, Reinhardt; Piepel, Ulrich; Daum, Matthias; Schwinning, Stefan: Materialuß und Logistik: Systemtechnische Grundlagen mit Praxisbeispielen. Berlin, Heidelberg: Springer-Verlag, 1989. - ISBN 3-540-51225-X
[Kap86]	Kapoun, J.: Roboter in der Logistik. 1986
[Kes82]	Kesten, Jürgen: Paletten im Lager- und Kommissioniersystem. Eschborn, 1982
[Log08]	Logistik Heute: Premiere beim Primus. In: Logistik Heute (2008), Nr. 1-2, S. 10–13
[Mat08]	Materialfluss: Mensch oder Maschine? In: Materialfluss (November 2008), S. 12–13
[Müh14]	Mühlenbrock, Sebastian; ten Hompel, Michael (Hrsg.): Modellierung und Leistungsberechnung von Systemen zur kombinierten Paletten- und Kolli-Handhabung: Dissertation. Dortmund : Verlag Praxiswissen, 2014. - ISBN 978-3-86975-091-0

[Pie08]   Pieringer, Matthias: Händlers Liebling? Automatisiert von Wareneingang bis Waren-
             ausgang. In: Logistik Inside (2008), Nr. 10, S. 52–53
[Piv85]   Pivit, W.: Kommissionieren mit Robotern. In: Technische Rundschau 71 (1985), Nr.
             25, S. 40–43
[Pot95]   Potyka, S.: Systematik zur Selektion von Kommissioniersystemen in der Planung.
             Verlag Praxiswissen, Dortmund, 1995
[Pri08]   Prieschenk, Helmut: Vollautomatisch kommissionieren mit der Order Picking Machi-
             nery. In: Maschinen Markt Logistik (2008), Nr. 4, S. 46–48
[Sch93b]   Schulte, J.: Praxis des Kommissionierens - Warenfluss ohne Reibungsverluste.
             Königsbrunner Seminare GmbH, Augsburg, 1993
[Sad07]   Sadowsky, Volker; ten Hompel, Michael (Hrsg.): Beitrag zur analytischen Leistungs-
             ermittlung von Kommissioniersystemen: Dissertation. Dortmund : Verlag Praxiswis-
             sen, 2007. – ISBN 978-3-89957-057-1
[tHS08]   ten Hompel, M.; Schmidt, T.: Warehouse Management. Springer Verlag, Berlin Hei-
             delberg New York London Paris Tokyo, 2008
[tHSB11]   ten Hompel, M.; Sadowsky, V.; Beck, M.: Kommissionierung, Materialflusssysteme
             2 – Planung und Berechnung der Kommissionierung in der Logistik. Springer Verlag,
             Berlin Heidelberg New York London Paris Tokyo, 2011
[tHSD18]   ten Hompel, M.; Schmidt, T.; Dregger, J.: Materialflusssysteme - Förder- und Lager-
             technik. 4. Aufl., Springer Verlag, Berlin, 2018
[VDI3590a]   Verein Deutscher Ingenieure (VDI) (Hrsg.): VDI 3590 Blatt 1 - Kommissioniersys-
             teme- Grundlagen. Beuth Verlag, Berlin, 1994
[VDI3590b]   Verein Deutscher Ingenieure (VDI) (Hrsg.): VDI 3590 Blatt 2 - Kommissioniersys-
             teme - Systemfindung. Beuth Verlag, Berlin, 2002
[VDI99]   VDI (Hrsg.): VDI-Richtlinie 4415: Automatisierte Kommissionierung. Berlin :
             Beuth Verlag GmbH, Oktober 1999
[Ver06]   Verstaen, J.: Einfach schneller: Automatisierung in der Logistik. Berlin : Huss-Ver-
             lag, 2006
[Ver09]   Vertique (Hrsg.): Vertique: picking up where others left off. 2009. - Firmenschrift der
             Vertique Inc, 2009. -www.vertique.com, heruntergeladen am 26.01.2009
[Wöh08]   Wöhrle, Thomas: Dynamische Pick-Ordnung macht der Ware Beine. In: Logistik &
             Fördertechnik (2008), Nr. 11, S. 46–47
[Zho91]   Zhou, Peikun: Kommissioniersysteme mit mobilen Robotern: Planungs- und Ent-
             scheidungshilfen. Köln : Verlag TÜV Rheinland, 1991. ISBN 3 88585 983

Sortier- und Verteilsysteme

6

Christoph Beumer und Dirk Jodin

6.1 Einleitung

Das Sortieren von Stückgütern im Umfeld der Technischen Logistik dient dem Zuordnen von logistischen Einheiten (Güter, Packstücke, Behälter oder Paletten) aus einer ungeordneten Gesamtmenge nach bestimmten Kriterien (Postleitzahl, Kundennummer, Auftragsnummer …) auf logische Ziele, um sie anschließend auf entsprechende physische Zielstellen zu *verteilen* (VDI 3619).

Sortier- und Verteilsysteme erfüllen zentrale Funktionen in logistischen Netzwerkknoten. Typische Anwendungsbereiche sind

- Kurier-, Express- und Paketdienste (KEP),
- Flughäfen,
- Distribution,
- Produktion.

Besonders in den Hauptumschlagbasen (Hub) der KEP-Branche sind zunehmend Sortierleistungen erforderlich, die durch einen einzelnen Sorter nicht realisierbar sind, so dass

C. Beumer (✉)
Beumer Group GmbH und Co. KG, Oelder Straße 40, 59267 Beckum, Deutschland
e-mail: thomas.wiesmann@beumergroup.com

D. Jodin
Technische Universität Graz, Graz, Österreich

© Springer-Verlag GmbH Deutschland, ein Teil von Springer Nature 2019
T. Schmidt (Hrsg.), *Innerbetriebliche Logistik*, Fachwissen Logistik,
https://doi.org/10.1007/978-3-662-57930-5_6

häufig mehrere Sortiermaschinen miteinander verknüpft werden, um Leistungen[1] von häufig 40.000 aber auch bis über 400.000 1/h an einem Umschlagknoten zu realisieren.

Einzelne Sorter erreichen bei üblichen Größen und Gewichten der Sortiergüter Maschinenleistungen von bis zu ca. 15.000 1/h. Eine gängige Einteilung für automatische Systeme ist dreistufig:

- unterer Leistungsbereich 1000–5000 [1/h],
- mittlerer Leistungsbereich 5000–10.000 [1/h],
- Hochleistungsbereich > 10.000 [1/h].

Besonders Hochleistungssortiersysteme bilden das Rückgrat moderner Warendistribution und müssen hohen Anforderungen an Funktionalität, Verfügbarkeit, Energieeffizienz und Wirtschaftlichkeit gerecht werden.

6.1.1 Systemtechnik

Zu einem Sortierystem gehören neben der Anlagentechnik mindestens die Anlagensteuerung und -überwachung, die Betriebsstrategie und die Ablauforganisation. Die Ausprägungen dieser Systemkomponenten wird insbesondere durch die Integration in das Gesamtsystem bestimmt.

Eine Sortieranlage kann nach Abb. 6.1 in fünf Funktionsbereiche gegliedert werden

- Zuförderung (1),
- Vorbereitung (2),
- Identifizierung (3),
- Sortierung (4),
- Abförderung (5).

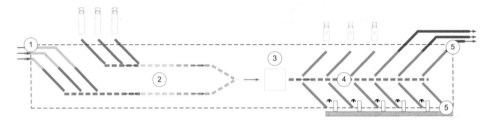

Abb. 6.1 Prinzipieller Aufbau einer Sortieranlage

---

[1] Die Leistung einer Förderstrecke entspricht ihrem Durchsatz λ in [1/ZE]

Die Zuförderung (1) stellt materialflusstechnisch die Eingangsschnittstelle zur Sortieranlage dar und muss die unterschiedlichen Charakteristika zwischen der Anlagentechnik aus Stetigförderern und der davor befindlichen Materialflusstechnik angleichen. Der
Zufluss kann kontinuierlich, pulkförmig oder in Batches erfolgen. Hier erfolgt ebenso eine
(Nach-)Codierung nicht automatisch lesbarer Labels wie auch prozessabhängig das automatische Messen von Gewicht und Abmessungen der Logistikeinheiten.

In der Vorbereitung (2) werden je nach Bedarf Materialströme für die anschließende Identifizierung und Sortierung zusammengefasst und gegebenenfalls wieder auf mehrere Sorter
aufgeteilt. Erforderlich ist jeweils ein 1-dimensionaler Gutstrom mit hintereinander folgenden
Einheiten stabiler Ausrichtung (in der Regel längs) und einem definierten Gutzwischenraum.

Die Identifizierung (3) umfasst das automatische Lesen und Identifizieren eines Codes
und das Zuordnen auf eine Endstelle. Standard bei der Codierung ist der eindimensionale
Barcode. Mehrdimensionale Codes oder RFID sind eher ungebräuchlich. Die Codierung
kann auf allen sechs Seiten des Pakets angebracht sein, so dass ohne Umorientierung auf
beispielsweise die Oberseite eine aufwendige Sechsseitenlesung erforderlich ist.

Die Sortierung (4) mit den Funktionen Einschleusung, Verteilung und Ausschleusung/
Pufferung wird im Folgenden ausführlich behandelt

Die Abförderung (5) beginnt mit der Leerung der Endstelle. Sie kann automatisiert
oder manuell erfolgen und die Verpackung beinhalten, indem mobile Packplätze direkt an
die Endstelle gebracht werden. Die Steuerung und Ressourcenzuordnung der Endstellen-
entleerung ist ein wichtiges Leistungskriterium des Gesamtsystems.

6.1.2   Funktionen und mechanische Ausführungen der Sortierung

Der Funktionsbereich der Sortierung besteht aus den Funktionen Einschleusung, Verteilung und Ausschleusung/Pufferung. Die technischen Ausprägungen der einzelnen Funktionen sind vielfältig, jedoch nicht vollständig kombinierbar.

6.1.2.1 Einschleusung

Die Einschleusung hat die Aufgabe, die Güter in eine vorgesehene Lücke im Gutstrom
(Hauptstrom) des Verteilförderes zu schleusen. Technische Herausforderungen sind die
Geschwindigkeit des Hauptstroms bis über 2 m/s und die Notwendigkeit, eine bestimmte
Orientierung und Lage auf dem Tragmittel zu erreichen.

Je nach Verteilförderer erfolgt die Einschleusung stirnseitig, über Kopf oder seitlich.
Die seitliche Einschleusung kann als Schrägwinkel (25° … 45°) oder Parallelwinkelein-
schleusung erfolgen (Abb. 6.2).

Es werden manuelle, teilautomatische und vollautomatische Einschleusungen eingesetzt.
Bei vollautomatischen Einschleuslinien mit Durchlaufeinschleusung werden bei erhöhtem
Aufwand für Steuerung und Technik Durchsätze von bis zu 6000 1/h erreicht, bei der technisch
einfacheren Stop-and-Go-Einschleusung wegen der erforderlichen Stopps ca. 4000 1/h. Zur

Abb. 6.2 Einschleus-
konfigurationen (**a**)Schrägwin-
keleinschleusung
(**b**)Parallelwinkeleinschleusung

optimalen Belegung eines Hochleistungssorters werden also mindestens zwei Einschleuslinien pro Einschleusbereich benötigt.

Die Einschleuslinien bestehen in der Regel aus drei hintereinander folgenden Förderern mit speziellen Funktionen (siehe auch Abb. 6.4). Für die Stop-and-Go-*Einschleusung*:

- *Taktförderer* übernehmen das Sortiergut von den Zuförderern, transportieren es im Start-Stopp-Betrieb mit relativ hohem Beschleunigungswert und takten einzeln weiter.
- *Beschleunigungsförderer* übernehmen das Sortiergut von den vorgeschalteten Taktförderern, stoppen an definierten Wartepunkten und synchronisieren mit einem ausgewählten Tragelement. Mit definierter Beschleunigung auf Umlaufgeschwindigkeit unter Berücksichtigung des Einschleuswinkels und der Schlupf- und Kippbedingungen – vgl. Gl. (6.2) und (6.3) wird das Sortiergut auf die Einschleusbänder übergeben.
- *Übergabeförderer* dienen der geometrischen Anpassung besonders der im seitlichen Winkel auf den Verteilförderer treffenden Einschleuslinien und bewirken keine Geschwindigkeitsänderung. Die Ausführungsvarianten der Tragmittel sind Rundriemen, Flachriemen und Schräggurt.

Die *dynamische Einschleusung* besteht ebenfalls aus drei hintereinanderfolgenden Förderern. Lediglich der Beschleunigungsförderer wird durch ggf. mehrere kurze Regel- oder Synchronisationsförderer ersetzt. Diese Förderer übernehmen geschwindigkeitsgleich das Sortiergut von den vorgeschalteten Förderelementen und kontrollieren die relative Position des Sortierguts zu den zu belegenden Tragelementen. Durch gezieltes Beschleunigen oder Verzögern (ohne Stopp) des Sortierguts unter Berücksichtigung des Einschleuswinkels wird die Synchronisation mit dem Tragelement am Ende der Regelstrecke gewährleistet.

Die einzelnen Einschleuslinien in einem Bereich beeinflussen sich gegenseitig. Über einen Platz, der bereits von einer Einschleuslinie reserviert bzw. belegt worden ist, kann eine zweite Einschleuslinie nicht mehr verfügen. Insofern ist es notwendig, steuerungstechnisch entsprechende Belegungskriterien vorzusehen. Hierzu gibt es unterschiedliche Steuerungsmechanismen. Im Wesentlichen sind drei verschiedene Verfahren bekannt[Beu93]:

- die statische Zuweisung,
- die dynamische Zuweisung,
- das Referenzpunktverfahren.

Bei der *statischen Zuweisung* wird vor Beginn des Verteilprozesses eine statische Leistungsvorgabe Z vorgegeben. An jeder Einschleusung i läuft eine Zählvariable mit, die die Anzahl der vorbeilaufenden Tragmittel (Plätze) registriert. Liegt ein zur Einschleusung anstehendes Sortiergut an der Einschleusposition bereit, wird die Zählvariable mit der statischen Vorgabe verglichen. Überschreitet der Zähler die Vorgabe, wird das Sortiergut auf den nächsten freien Platz eingeschleust und der Zähler auf Null zurückgesetzt.

Bei der *dynamischen Zuweisung* handelt es sich um ein Verfahren, bei dem jede Einschleusung einzeln betrachtet wird. Hierbei wird vorausgesetzt, dass vor Beginn eines Sortier-Batchlaufes die Anzahl der an den einzelnen Einschleusungen zu erwartenden Sortierstücke bekannt ist. Somit können die einzelnen Einschleusungen i mit einem Prioritätsfaktor Pr_i versehen werden. Diese Faktoren Pr_i geben das Verhältnis der an den einzelnen Einschleusungen zu erwartenden Stückzahlen an. Mit Hilfe dieses Verfahrens wird die Variable Z_i, welche die Belegungszahl für jede einzelne Einschleusung individuell vorgibt, permanent neu berechnet. Für diese Berechnung ist neben den für einen Sortierlauf fest vorgegebenen Prioritätsfaktoren Pr_i auch die Aktivität einer Einschleusung von Bedeutung. Ist eine Einschleusung nicht aktiv, wird sie aus dem Berechnungsprozess herausgenommen. Die zur Verfügung stehenden Plätze werden dann unter den aktiven Einschleusungen unter Berücksichtigung ihrer Prioritäten vergeben.

Das *Referenzpunktverfahren* (Abb. 6.3) nutzt einen zentralen Dispositionspunkt (DP), der vor der ersten Einschleusung angeordnet ist. Jede Einschleusung i hat einen eigenen Referenzpunkt R_i. Ausschlaggebend für das Referenzpunktverfahren ist, dass das einzuschleusende Sortiergut für den Weg vom Referenzpunkt R_i zum Einschleuspunkt der jeweiligen Einschleusung die gleiche Zeit benötigt wie ein reservierter Platz für den Weg vom zentralen Dispositions- zum Einschleuspunkt. Erreicht ein zu sortierendes Stückgut den Referenzpunkt R_i einer Einschleusung, meldet diese die Reservierung eines Platzes an. Die Reservierung wird am zentralen Dispositionspunkt des Sorters DP vorgenommen. Da i. d. R. mehrere Einschleusungen den gleichen Platz beantragen, werden die

Abb. 6.3 Referenzpunktverfahren zur Einschleussteuerung

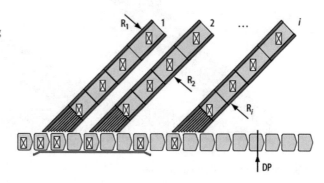

Plätze der Reihe nach zugeteilt. Hierbei ist es auch möglich, einen wie beim dynamischen Zuteilungsverfahren beschriebenen Prioritätsfaktor Pr_i in die Berechnung einfließen zu lassen. Die Nutzbarkeit der beschriebenen Verfahren hängt sehr von der Komplexität des jeweiligen Sortiersystems ab. Statische Verfahren sind zur Steuerung eines komplexen Systems ungeeignet, beinhalten jedoch den geringsten steuerungstechnischen Aufwand. Dynamische Verfahren zeigen auch bei relativ komplexen Systemen recht gute Ergebnisse. Das Referenzpunktverfahren ist sicherlich das ausgefeilteste und reagiert sehr genau auf Prioritätsvorgaben. Es ist jedoch auch mit entsprechend hohen steuerungstechnischen Aufwänden verbunden. Überdies muss das Layout der Anlage die Definition eines Dispositionspunktes geometrisch zulassen.

Zur Theorie der Einschleusung: Aus dem Einschleuswinkel α und der Geschwindigkeit v_S der Tragelemente ergibt sich eine Einschleusgeschwindigkeit v_E. Dabei muss die Synchrongeschwindigkeit v_{sync} im Moment der Einschleusung identisch mit der Geschwindigkeit v_S sein. Die resultierende Quergeschwindigkeitskomponente v_Q muss unmittelbar nach der Einschleusung auf dem Sorter abgebaut werden. Die einzelnen Geschwindigkeitskomponenten berechnen sich nach Abb. 6.4 zu

$$v_{sync} = v_S,$$
$$v_Q = v_S tan\,\alpha,$$
$$v_E = v_S / cos\,\alpha. \tag{6.1}$$

Bei Einschleusungen von oben oder von hinten ist naturgemäß keine Quergeschwindigkeitskomponente vorhanden.

Wesentlich für einen kontrollierten Einschleusprozess ist die Einhaltung der Schlupf- und Kippbedingungen. Diese lassen sich aus Abb. 6.5 herleiten.

Allgemein gilt

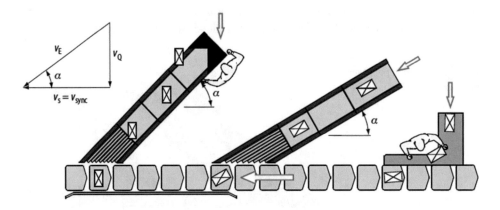

Abb. 6.4 Einschleuskonfigurationen

Abb. 6.5 Bedingungen für (**a**) schlupffreies Beschleunigen (**b**) kippfreies Beschleunigen

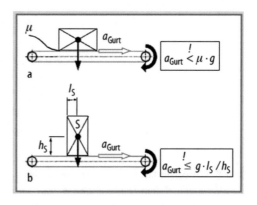

$$G = m\,g,$$

$$F_{Reib} = \mu\ G,$$

$$F_{\text{Beschl}} = m\,a$$

mit G Gewichtskraft des Paketes, m Masse des Gutes, g Gravitationsbeschleunigung ($= 9{,}81$ m/s^2), F_{Reib} Reibkraft zwischen Sortiergut und Gurt, F_{Beschl} Beschleunigungskraft der Masse des Sortierguts.

Für die Schlupffreiheit gilt:

$$F_{\text{Beschl}} < F_{\text{Reib}},$$

$$m\,a < \mu\ G,$$

$$m\,a < \mu\,m\,g,$$

$$a < \mu\ g. \tag{6.2}$$

Als realistischer Wert für den Reibungsbeiwert kann bei einem griffigen Gurt $\mu \approx 0{,}5$ angesetzt werden. Damit wird Schlupf vermieden, wenn die Beschleunigung des Sortierguts

$$a < 0{,}5\,g \approx 5\,m/s^2$$

nicht überschreitet.

Für die Kippbedingungen gilt:

$$G = m\,g,$$

Als Bedingung für die Kippfreiheit muss gelten:

$$F_{\text{Beschl}} h_S \le G \, l_S,$$

$$m \, a \, h_S \le m \, g \, l_S,$$

$$a \, u \le g \, l_S,$$

$$a \le g \, l_S / h_S \qquad\qquad (6.3)$$

mit S Schwerpunkt, h_S Schwerpunktshöhe, l_S Schwerpunktsabstand horizontal.

Wenn die Schwerpunktshöhe h_S das Doppelte des Schwerpunktsabstands l_S beträgt, wird der Grenzfall für Kippen bei $a = 5$ m/s² erreicht.

Es ist nachvollziehbar, dass ein Start-Stopp-Betrieb mit höheren Beschleunigungen verbunden ist, als der Prozess einer dynamischen Einschleusung. Da sowohl für das Kippen als auch für den Schlupf die Beschleunigung des Sortierguts als Restriktion wirkt, ist nachvollziehbar, dass die dynamische Einschleusung z. T. erheblich bessere Werte liefert.

In Abb. 6.2 sind unterschiedliche Einschleuskonfigurationen dargestellt. Die Schrägwinkeleinschleusung (Abb. 6.2a) besteht aus einem Dreieckförderer, welches unter dem Einschleuswinkel $\alpha = 25° \ldots 45°$ zur Bewegungsrichtung der Tragelemente angeordnet ist. Vor dem Dreieckförderer befinden sich Stau-, Takt- und Beschleunigungsförderer, die entweder im Start-Stopp- oder im Durchlaufbetrieb unterschiedliche Funktionen wie Beschleunigen, Synchronisieren oder Takten übernehmen.

6.1.2.2 Verteilung

Der Verteilförderer ist das zentrale und auch namensgebende Element des Sortiersystems. Es besteht aus Tragmitteln (Schalen, Gurte, Platten …), Ausschleusmechanismen (Schieber, Kippelemente, Fördermittel …) und dem Zugmittel (Kette, Band).

Hinsichtlich ihrer Topologie werden *Loop-Sorter, Line-Sorter* und *Kreissorter* (Spin-Sorter) unterschieden (siehe auch Abb. 6.6). Loop-Sorter werden meist mit segmentierten Tragmitteln beispielsweise Schalen, Wannen und Quergurte ausgeführt, bei den Line-Sortern überwiegen durchgängige Tragmittel beispielsweise Plattenbänder, Stahlbänder oder Gummi-/Kunststoffbänder. Kreissorter haben in der Regel einen drehenden Teller oder Kegelstumpf.

Als Zugmittel dominiert bei den Loop-Sortern eine raumbewegliche Kette, die als solche in der Regel aber nicht erkennbar ist, sondern durch die raumbewegliche Verbindung der Fahrwagen realisiert wird. Die Fahrwagenkette wird in Schienen geführt, die über den Stahlbau die Reaktionskräfte auf das Gebäude übertragen.

Als Antriebseinheit der Fahrwagenkette werden entweder über den Parcours verteilte Linearmotoren, Reibradantriebe oder teilweise auch Schneckentriebe eingesetzt. Der Linearmotor hat sich auf Grund seiner berührungslosen und damit verschleißfreien Arbeitsweise als Standardantriebseinheit durchgesetzt. Hier gibt es unterschiedliche Ausführungsformen,

Abb. 6.6 Sortertopologien

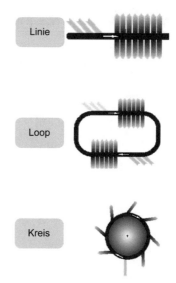

entweder als Einzellinearmotor oder als Doppelkammmotor. In der letzten Zeit haben sich bei Linearmotoren auch Synchronmotoren mit einem besseren Wirkungsgrad etabliert.

Die fehlende Bremsmöglichkeit bei klassischen Reibradantrieben mit proportionalem Andruck wird durch eine Neuentwicklung mit doppeltwirkender Proportionalanpressung kompensiert [Hei14].

Die Antriebe haben 200–600 N Schubkraft und werden entsprechend der erforderlichen Gesamtantriebsleistung in entsprechender Zahl entlang der Kette verteilt.

Schneckenantriebe übertragen die Kraft entlang der Schnecke formschlüssig. Bei Line-Sortern ist das Tragmittel häufig gleichzeitig Zugmittel, ansonsten werden auch horizontal umlaufende Gelenkketten mit daran montierten Tragmitteln verwendet, beispielsweise bei den an späterer Stelle noch behandelten Schiebeschuhsortern.

Die Fahrwagenkette ist Basis verschiedener Verteilförderer, indem auf sehr ähnliche Fahrgestelle das jeweilige spezielle Tragmittel montiert wird und damit die speziellen Anforderungen des Sortierprozesses erfüllt. So besitzen Kippschalensorter, Quergurtsorter, Kammsorter, Fallklappensorte ähnliche Führungssysteme und Fahrwagen, die je nach Belastung durch Gewicht und Geschwindigkeit allerdings individuell dimensioniert und aufgebaut werden. Im Folgenden werden exemplarisch typische und häufig eingesetzte Hochleistungsverteilförderer vorgestellt.

Kippschalensorter (Tilt-Tray-Sorter)

Bei dem in Abb. 6.7 dargestellten Kippschalenförderer (auch Tilt-Tray-Sorter genannt) handelt es sich um ein Sortiersystem mit segmentiertem Tragmittel. Bei diesem horizontal umlaufenden und damit kurvengängigen Förderer sind die Tragelemente – kippbare Schalen (auch Platten oder Tische genannt) – auf dem Fahrwagen montiert.

Abb. 6.7 Kippschalensorter. (Foto: BEUMER Group)

An den jeweiligen Zielstellen erfolgt das Ausschleusen des Fördergutes durch Aktivieren eines Tippers und dem damit verbundenen Lösen einer Arretierung.

Dadurch wird die Schale in Kippstellung gebracht, das Fördergut rutscht seitlich, meist in eine Rutsche, ab. Nach dem Abwurf werden die Schalen wieder in die waagerechte Position gebracht und die Arretierung fixiert.

Mechanischer Kippschalensorter

Die Technik des mechanischen 2D-Tilt-Tray Sorters wurde kontinuierlich weiterentwickelt. Eine Besonderheit des Sorters besteht darin, dass zusätzlich zur seitlichen Kippbewegung der Schale die Kippachse in einer Vertikalführung abgesenkt wird. Dadurch gleitet das Stückgut ohne Katapulteffekt von der Schale und weist beim Verlassen der Schale eine deutlich niederigere Geschwindigkeit als bei vergleichbaren System auf. Diese Technik erlaubt Geschwindigkeiten eines mechanischen Tilt-Tray-Sorters bis zu 2m/s.

Elektrischer Kippschalensorter

Ein Beispiel für einen aktuellen elektrischen Kippschlaensorter ist der BEUMER 2D E Tray Sorter mit motorisch angetriebenen Kippelementen. Das System ist in zwei Baugrößen verfügbar.

Das Kippelement ermöglicht durch die integrierte Weichenfunktion ein zweidimensionales, geführtes Ausschleusen der Stückgüter nach beiden Seiten des Sorters. Durch die Unabhängigkeit der Kippbewegung von der Sortergeschwindigkeit ist eine höhere Sortergeschwindigkeit möglich. Die Energieversorgung der Kippelemente erfolgt über eine berührungslose Energieübertragung auf induktiver Basis. Die Informationsübertragung für das Ausschleusen der Stückgüter, das Aufrichten der Schalen sowie die Statusabfrage der Kippelemente usw., erfolgt über ein berührungsloses Infrarot-Datenübertragungssystem. Jedes Kippelement hat seine eigene Motorsteuereinheit mit Infrarot-Sende- und Empfangsmodul und einen Übertragerkopf. Dadurch ist jedes einzelne Kippelement autark und einzeln ansteuerbar.

In Abhängigkeit von der Schalengröße ist der Tilt-Tray-Sorter für Stückgewichte von 0,2 bis 60 kg einsetzbar. Bei maximaler Geschwindigkeit von ca. 2,0 m/s (mechanischer Tilt-Tray-Sorter) und 2,8 m/s (elektrischer Tilt-Tray-Sorter) und voller Auslastung lässt sich ein Nenndurchsatz je nach Schalenteilung von bis zu 18.000 1/h erreichen. Der Kippschalensorter eignet sich für ein sehr umfangreiches Gutspektrum: Sortiert werden können optische Datenträger (CD, DVD, BlueRay), das Versandhandelsspektrum, Beutel, Pakete und Koffer in höheren Gewichtsklassen. Weniger geeignet ist der Tilt-Tray-Sorter herkömmlicher Bauart für Sortiergut mit losen Gurten oder ähnlichem Befestigungsmaterial. Rollende Artikel können mit Sonderkonstruktionen durchaus gefördert werden.

Spezielle Sonderentwicklungen des Tilt-Tray-Sorters sind Lösungen, bei denen die Lücken zwischen den Schalen sowohl in Kurvenfahrten als auch im Moment des Abkippens durch die besondere konstruktive Gestaltung des Tragelements geschlossen sind. Daher eignet sich dieser Sorter besonders zum Sortieren von Gepäck und/oder biegeweichen Gütern mit Schlaufen oder Gurten.

Quergurtsorter (Cross-Belt-Sorter)

Hierbei sind die Schalen des Kippschalensorters durch einzelne, senkrecht zur Förderrichtung stehende, reversierbare, kurze Förderbänder ersetzt (Abb. 6.8). Bei der Auf- und Abgabe wird das anzusteuernde Förderband kurzzeitig bewegt, um das Stückgut positionsgenau ein- oder auszuschleusen.

Im ersten Entwicklungsstadium dieses Sorters war eine der beiden Umlenkrollen des senkrecht zur Förderrichtung stehenden Förderbandes starr mit einer Welle verbunden, die mit einer schneckenförmig umlaufenden Nut versehen war. An der jeweiligen Zielstelle wurde ein an der Gerüstkonstruktion befestigter Bolzen in die Nut eingeführt. Durch die Relativbewegung zwischen dem feststehenden Bolzen und der in Förderrichtung laufenden

Abb. 6.8 Quergurtsorter. (Foto: BEUMER Group)

genuteten Welle wurde diese in Drehbewegung gesetzt. Da sie starr mit der Antriebswelle des betreffenden Gurtförderers gekoppelt war, drehte sich auch die Antriebswelle und es wurde ein- oder ausgeschleust.

Der heutige Stand der Technik dieses Quergurt- oder Belt-Tray-Sorters sieht für jeden der umlaufenden Gurtförderer einen eigenen Antrieb vor. Dieser wird i. d. R. über Schleifleitungen, die in den Fahrschienen der Gerüstkonstruktion verlaufen, gespeist.

Mittlerweile hat sich die berührungslose, induktive Energieübertragung als Alternative zur Schleifleitungstechnik, die mit Verschleiß und hohem Wartungsaufwand verbunden ist, durchgesetzt.

Der Quergurtsorter ist für Stückgut mit maximal 60 kg Gewicht einsetzbar. Das Sortiergutspektrum ist mit dem des Tilt-Tray-Sorters vergleichbar. Auf Grund der schonenderen Behandlung sind jedoch noch sensiblere Güter (z. B. Joghurt-Trays o. ä.) sortierbar. Die Investitionskosten sind auf Grund der etwas aufwendigeren Technik im Vergleich zum Kippschalensorter entsprechend höher. Der Cross-Belt-Sorter kann ebenfalls mit Maximalgeschwindigkeiten von ca. 2,8 m/s projektiert werden. Abhängig von der Teilung können über 24.000 1/h sortiert werden.

Ein wesentlicher Vorteil gegenüber dem Tilt-Tray-Sorter ist die Flexibilität in der Endstellengestaltung: Die höhengleiche Übergabe (Rutschen sind für den Ausschleusprozess nicht erforderlich) gewährleistet eine schonende Produktbehandlung auch im Ausschleusprozess und bietet höchste Flexibilität in der Gestaltung. Die präzise 90°-Ausschleusung erlaubt darüber hinaus eine sehr hohe Zielstellendichte. Die programmierbaren Elemente des Quergurt-Sorters lassen eine an das Fördergut angepasste Ausschleusparabel zu, gleichfalls kann durch alternierende Ausschleuspunkte ein „Perlenschnureffekt" in der Endstelle minimiert werden.

6.1.2.3 Schiebeschuhsorter (Sliding-Shoe-Sorter)

Der in Abb. 6.9 dargestellte Schiebeschuhsorter besitzt im Vergleich zu den beiden vorgenannten Verteilförderern ein durchgängiges Tragmittel und gehört zu den Line-Sortern. Er besteht aus einem vertikal umlaufenden zweisträngigen Kettenförderer mit einem Stab- oder

Abb. 6.9 Schiebeschuhsorter. (Foto: Vanderlande Industries)

Plattenband als Tragmittel und senkrecht zur Förderrichtung arbeitenden Abschiebelementen, die das Sortiergut nach links und rechts austragen. Ein mit dem Schiebeschuh fest verbundener Bolzen wird zwischen den Platten hindurch unterhalb in einem Schienensystem geführt. An jeder Ausschleusstelle befindet sich im Untertrum des Plattenbandes eine Weiche. Diese wird pneumatisch oder elektromechanisch angesteuert und lenkt bei Bedarf eine von der Sortiergutlänge abhängige Anzahl an Ausschleuselementen in eine diagonal verlaufende Führungsschiene. Die Schuhe schieben das auf den Platten liegende Fördergut in die Endstelle.

Durchgängige Tragmittel ermöglichen bei unterschiedlichen Gutgrößen eine Optimierung der Gutdichte, da im Gegensatz zu segmentierten Tragmitteln der Abstand abhängig zur Gutgröße eingestellt werden kann. Problematisch ist die exakte Ausschleusung, da zwischen der normalerweise beim Einschleusen erfolgten Triggerung und dem Impuls zur Weichenbetätigung eine geschwindigkeit- und wegabhängige Zeitschleife arbeitet. Verändert sich die Position durch Schlupf oder Hindernisse kann es zu Fehlfunktionen beim Ausschleusen kommen. Wird eine zweiseitige Ausschleusung gewünscht, müssen die Schiebeschuhe im Untertrum auf die entsprechende Seite des Plattenbandes gebracht werden. Das erfordert eine weitere „Vorverlegung" des Triggerpunktes.

Die Breite des Plattenbandes kann bis über einen Meter betragen. Bei Kettengeschwindigkeiten von über 2,5 m/s werden bei üblichen Abmessungen Sortierleistungen von bis zu 12.000 1/h erreicht.

Hohe Geschwindigkeiten bewirken bei diesem System auf Grund des Polygoneffekts im Kettentrieb und der aufgrund ihrer Länge schwingfähigen Platten oder Stege wie auch durch die Schaltgeräusche der Weichen eine erhöhte Geräuschemission.

Weitere Bauarten

Neben diesen Lösungen mit einer hohen Marktdurchdringung gibt es weitere Systeme, die in [JtH12] zusammengetragen und systematisiert dargestellt wurden (Abb. 6.10).

In der oberen Zeile der Systematik werden die Förderer hinsichtlich der Ausführung ihrer Tragmittel in segmentiert und durchgängig unterteilt. In der darunter liegenden Zeile wird jeweils in Ausschleusungsprinzipien nach dem physikalischen Wirkprinzip Kraftschluss, Formschluss oder Kraftfeld unterteilt. Den Spalten darunter sind entsprechende Realisierungen der Verteilförderer zugeordnet, die häufig auf spezielle Anforderungen (Prozess, Gut …) hin entwickelt wurden.

Der *Kammsorter* ist beispielsweise besonders geeignet, flache Güter wie Bild- und Tonträger, Bücher und Textilien zu sortieren. Auf Grund des formschlüssigen Ausschleusens der Güter durch den Kamm oberhalb der Endstelle ist es möglich, das Sortiergut direkt gestapelt in einem Behälter bereitzustellen.

Weitere Realisierungen in dieser Spalte sind Push-Sorter, die durch ein mitbewegtes Ausschleuselement die Güter vom Tragmittel schieben. Je nach Kinematik und Form des Pushers sind verschiedene Varianten wie Brushsorter®, Optisorter® oder Baxorter® bekannt. Die Steuerung der Pusher erfolgt wie beim Schiebeschuhsorter durch eine unterhalb angeordnete Kulisse mit Schienen und Weichen, in denen Mitnehmer geführt werden.

Verteilförderer

segmentiert

Kraftschluss	Formschluss	Kraftfeld
Quergurtsorter	Kammsorter	Fallklappensorter
Tragschuhsorter	Pushsorter	Taschensorter
Ringsorter		Schwenkklappensorter
		Kippschalensorter
		Drehsorter

durchgängig

Kraftschluss	Formschluss	Kraftfeld
Kanalsorter	Schiebeschuhsorter	Kippplattensorter
Rollendrehweiche	Warenbegleitsorter	
Bandabweiser	Pusher	
Vertikalweiche	Flipper	
Gurttransfer	Dreh- / Schwenkarm	
Rollentransfer	Kettentransfer	

Abb. 6.10 Technische Systematik der Verteilförderer

Die Abweiser bei Verteilförderern mit durchgängigem Tragmittel sind mit Ausnahme des Schiebeschuhsorters stationär an der Endstelle installiert. Das Sortiergut wird während des Vorbeilaufs (die Fördergeschwindigkeit liegt bei ca. 1,5 m/s) durch einen elektrisch oder pneumatisch betätigten Pusher, Flipper, Dreh-/Schwenkarm oder Kettentransfer formschlüssig vom Tragelement abgeschoben. Durch die damit verbundenen hohen Relativgeschwindigkeiten zwischen Gut und Abweiser wirken höhere Kräfte, als bei den vorherigen Lösungen und die mechanische Belastung der Güter steigt.

Stationäre Abweiser (s. Kap. 1) erreichen nur relativ geringe Durchsätze. Die geringeren Sortierleistungen sind bedingt durch die geringere Fördergeschwindigkeit und den großen Abstand zwischen den einzelnen Sortiergütern auf dem Strang, der durch den Rücklauf (Zykluszeit) der Abweiser erforderlich ist. Die Leistungen liegen mit < 5000 1/h im niedrigen Leistungsbereich, lediglich die Dreharmsorter erreichen mit > 5000 1/h höhere Durchsätze und gehören damit in den mittleren Leistungsbereich.

Abschließend seien noch die kraftschlüssig wirkenden Ausschleuser für durchgängige Tragmittel erwähnt, die als Weichen, Abweiser und Transfere mit Gurten, Rollen und Bändern die Güter vertikal und horizontal aus dem Hauptstrom schleusen (s. Kap. 1).

Vergleichende Betrachtung der Bauarten

Tab. 6.1 zeigt eine vergleichende Betrachtung wichtiger Systemparameter der genannten Sortiersysteme. Es wird deutlich, dass in vielen Projektfällen verschiedene Sortiertechniken alternativ einsetzbar sind. Die kundenindividuellen Anforderungen in Bezug auf die verschiedensten Projektparameter machen eine detaillierte, spezifische Systemauswahl

Tab. 6.1 Vergleichende Betrachtung verschiedener Sortiersysteme

	Kippschale (Tilt-Tray)	Quergurt (Cross-Belt)	Schiebeschuh (Sliding-Shoe)	Pusher	Fallklappe (Split-Tray)	DCV-System
Sortierleistung	hoch	sehr hoch	mittel	mittel	sehr hoch	niedrig bis mittel
Sortiergeschwindigkeit	hoch	hoch	hoch	gering	niedrig bis mittel	hoch
Sortiergutgewicht	bis 60 kg	bis 60 kg	bis 60 kg	bis 50 kg	< 5 (10 kg)	bis 120 kg
Sortiergutabmessungen (l × b × h) [mm]	1400 × 900 × 750	1400 × 900 × 750	1200 × 700 × 700	450 × 400 × 100	600 × 400 × 200 (400)	950 × 750 × 500
Rezirkulationen	ja	ja	nein	nein	ja	ja
Eignung Karton	sehr gut	sehr gut	sehr gut	gut	gut	gut
Eignung Folien	gut	sehr gut	gering	gering	sehr gut	gut
Eignung Gepäck	gut	gut	gering	mittel	nein	sehr gut

erforderlich. Die VDI-Richtlinie 3619 beinhaltet diesbezüglich eine umfassende Check-
liste, um die notwendigen Informationen zur Festlegung einer optimalen Sortierlösung zu
finden [VDI3619, 2015].

6.1.2.4 Ausschleusung/Pufferung

Der Ausschleusbereich eines Sortierprozesses ist sehr produktabhängig und projektspezi-
fisch. Das Spektrum reicht von einfachen Rutschenendstellen bis hin zu komplexen fördertechnischen Einheiten.

Die Ausschleusung aus dem Hauptstrom an der betreffenden Endstelle kann je nach
Verteilförderer unterschiedlich realisiert sein. Die Elemente können mitbewegt oder an
der betreffenden Endstelle stationär angeordnet sein. Die notwendige Änderung der Bewegungsrichtung kann formschlüssig, reibschlüssig oder durch ein Kraftfeld (Schwerkraft
und/oder Zentrifugalkraft) eingebrachte Kräfte erfolgen.

Die Elemente haben hersteller- und anforderungsspezifisch unterschiedlichste Formen,
Materialien und Größen. Die Bewegungsbahnen sind ebenfalls ungleich und als Quali-
tätsmerkmal gelten möglichst geringe Gutbelastung und ein sicherer (schneller) Übergang
zwischen bewegten und stationären Anlagenteilen.

Grundsätzlich kann man horizontale Querbewegungen und vertikale Fallbewegungen
unterscheiden. Die Bewegungsbahn ähnelt einer Wurfparabel.

Die Bewegung sollte/darf erst im Sammelbereich der Endstelle enden, in der die Güter
gepuffert werden. Die Gestaltung der Endstellen ist nicht trivial und kann erhebliche
Auswirkungen auf die Gesamtanlage haben. Auf Grund der i. d. R. sehr hohen Anzahl
von Zielstellen in einem Sortierprozess können kleine Optimierungen an einer Endstelle
durchaus entscheidend für die Realisierung des gesamten Systems sein [Beu99]. Die Puf-
ferkapazität und Gestaltung des Sammelbereiches, die Neigung und Materialwahl der
Rutschen oder die Auswahl geeigneter Fördertechnik (Rollenbahn, Röllchenbahn, Kugel-
bahn …) sind wichtige Entscheidungen für eine hohe Funktionalität. Hinzu kommt ein
effizientes Management zur Leerung der Endstellensammelbereiche.

6.1.3   Sonderlösungen für Spezialanwendungen

6.1.3.1 Gepäcksortierung in Flughäfen

Die Gepäckförderung an Flughäfen stellt eine besondere Herausforderung dar, da innerhalb kurzer Zeitfenster die Gepäckstücke über lange Strecken bis zu mehreren Kilometern
(vom Hauptterminal zu den Satelliten) und mit hoher Geschwindigkeit bis zu 5 m/s transportiert werden. Dabei werden die Gepäckstücke zwischen vielen Quellen und Senken
(Check-In im Abflugterminal, Gepäckbahnhof am Flugfeld, Gepäckbänder im Ankunfts-
terminal) sortiert und durchlaufen verschiedene Sicherheitsprüfungen. Weiterhin müssen
sogenannte Frühgepäckspeicher gefüllt und entleert werden.

Neben zentral eingesetzten Kippschalensortern werden besonders für die Aufgabe optimierte Spezialfördersysteme eingesetzt.

- Stetigförderer

  Eines der bekanntesten Beispiele hierzu ist die Gepäckförder- und -verteilanlage des Flughafens Frankfurt/Main: Eine Kunststoffwanne, in der das Gepäck eingelegt wird, wird über ein weit verzweigtes Netz von Fördermitteln (sowohl Gurt- als auch Rollenförderer) gefördert. Jede Wanne hat eine eindeutige Codierung, die vor jeder Weiche identifiziert wird. Ein übergeordnetes Rechnersystem gibt dann je nach Zielinformation der Weiche den richtigen Ausschleusbefehl. Systeme mit permanent geführten Wannen haben den großen Vorteil einer relativ preisgünstigen Wanne, nachteilig wirken sich die hohen Investitions- und Wartungskosten der aufwendig zu gestaltenden Strecke aus.

- Unstetigförderer

  Das Gepäck wird in einem Fahrwagen (Carrier) in einem Schienensystem transportiert. Der Antrieb der Fahrwagen erfolgt entweder fremdgetrieben oder mit eigenem Antrieb. Beim fremdgetriebenen Antrieb wird ein frei laufender Wagen an bestimmten Stellen der Förderstrecke z. B. mittels Linearmotor mit einem Kraftimpuls angeschoben und bewegt sich bis zum nächsten Kraftimpuls frei. Diese Systeme gibt es in sehr unterschiedlichen Ausführungen von verschiedenen Herstellern. Allen gemeinsam ist der Vorteil einer vergleichsweise günstigen Förderstrecke. Nachteilig wirkt sich jedoch der Freilauf der Carrier aus: Sie sind nicht permanent kontrolliert. Dies kann u. a. bei Not-Stopp-Situationen beim Wiederanfahren zu erheblichen Problemen führen.

  Beim eigenen Antrieb wird auch von aktiven Carriersystemen (Beispiel BEUMER autover®) gesprochen. Hierbei hat jeder Fahrwagen einen Antrieb und bewegt sich aus eigener Kraft im System. Die aktiven Systeme können auch als Zugsystem mit einem aktiven und mehreren passiven Einheiten ausgeführt werden. In der Regel werden die selbstfahrenden Carrier über Schleifleitungssysteme mit Energie versorgt. Da es sich hier um einen in einem Schienennetz bewegten Energieverbraucher handelt, lässt sich die berührungslose Energieübertragung sehr sinnvoll einsetzen. Abb. 6.11 zeigt eine Behälterförderanlage, deren aktives Zugsystem berührungslos mit Energie versorgt wird [Beu99].

Abb. 6.11 Aktives Behälterfördersystem autover®. (Foto: BEUMER Group)

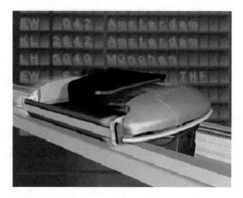

6.1.3.2 Briefsortierung

Bei der Briefsortierung sind typischerweise Gewichte im Grammbereich, eine flächige Geometrie der Sortiergüter im Millimeterbereich und hohe Leistungsanforderungen von 30–60.000 1/h die wesentlichen Herausforderungen.

Daher werden hier spezielle Briefsortiermaschinen mit integrierten Lese- und Codiereinrichtungen eingesetzt. Feinsortiermaschinen für Briefe bis zum B5-Format und Flachbriefsortiermaschinen für Briefe im A4-Format.

Hinzu kommen in einem Briefsortierzentrum weitere Spezialsysteme wie Formattrennung (Culler), Aufrichten und Abstempeln (Facer, Canceler).

Bei den Postdiensten sind Paketverteilung und Briefverteilung in der Regel getrennt, lediglich bei kleineren Umschlagbasen befinden sich beide Systeme in einem Gebäude.

6.1.4 Projektierung von Sortier- und Verteilanlagen

Zur Projektierung sind umfassende Informationen erforderlich, da die Sortierung zentrales Element der Intralogistik ist und mit vielen Festlegungen für das Gesamtsystem verbunden ist [JOF14].

6.1.4.1 Technischer Grenzdurchsatz

Nach der funktionalen und mechanischen Beschreibung einzelner Sortiersysteme wird im Folgenden auf die Grundlagen der Projektierung von Gesamtsystemen eingegangen.

Der maximale Durchsatz $\lambda_{\text{Sort, max}}$ eines Sorters ist zugleich seine technische Grenzleistung. Er wird durch die Fördergeschwindigkeit des Verteilförderers v_K dem minimalen Abstand der Sortiergüter $s_{Sort, min}$ und der Anzahl c paralleler Tragmittel bestimmt.

$$\lambda_{Sort,max} = \frac{v_K \cdot c \cdot 3.600}{s_{Sort,min}} \left[\frac{1}{h} \right] \tag{6.4}$$

v_K = Fördergeschwindigkeit des Verteilförderers

c = Anzahl paralleler Tragmittel

$s_{Sort,min}$ = minimaler Sortiergutabstand

Der minimale Sortiergutabstand entspricht bei segmentiertem Tragmittel der Tragmittelteilung. Bei durchgängigem Tragmittel ist sie von der Zykluszeit t_{Zvk} des Ausschleuselements in Verbindung mit der Fördergeschwindigkeit sowie der Gutlänge abhängig. Unter der Annahme, dass die Abstände zwischen den Gütern durch hintereinander angeordnete Förderer mit zunehmenden Geschwindigkeiten erzeugt werden, kann man mit Gl. 6.5 den minimalen Gutabstand beim durchgängigen Fördermittel abschätzen [JtH12, S. 171 ff.].

$$S_{(Sort,min)} = \frac{\sum_{i=1}^{n} l_i}{n} \cdot \frac{v_K \cdot t_{Zyk}}{l_{min}} \tag{6.5}$$

Der erste Term gibt die mittlere Gutlänge l_m an, im zweiten Term stehen im Zähler der minimal erforderliche Gutabstand (Gutlänge + Gutzwischenraum) für die Ausschleusmechanik und im Nenner die Länge des kürzesten Guts l_{min}. Es ist ersichtlich, dass der maximale Durchsatz sinkt, je weiter die Gutlängen streuen, also je größer die Differenz zwischen der mittleren und minimalen Gutlänge ist. Das liegt in der Praxis daran, dass die oben beschriebenen Förderer mit konstantem Geschwindigkeitsunterschied eine längenabhängige Lücke erzeugen und die Mindestlücke durch die eingestellte Geschwindigkeitsdifferenz eingehalten werden muss. So entstehen bei längeren Gütern unnötig große Gutabstände, die den Durchsatz schmälern.

Besteht die Möglichkeit bei einem durchgängigem Tragmittel die Einheiten zu zählen oder in der Projektierung ein Wert abschätzen, läßt sich Gl. 6.4 leicht adaptieren. Ersetzt man $c \, / \, s_{Sort,min}$ durch die Paket- oder Gutdichte ρ vereinfacht sich die Berechnung auf

$$\lambda_{Sort,max} = v_K \cdot 3600 \cdot \rho \left[\sqrt[1]{h} \right]. \tag{6.6}$$

Die Gutdichte ρ bezeichnet die auf einem Laufmeter Verteilförderer durchschnittlich befindliche Anzahl an Gütern.

Diese Maschinenleistung wird durch verschiedene Faktoren reduziert oder kann durch zusätzliche Maßnahmen auch gesteigert werden.

6.1.4.2 Betrieblicher Durchsatz

Der Grenzdurchsatz wird nur erreicht, wenn über die gesamte Betriebszeit hinweg im Einschleusbereich jeder Platz, jedes Tragmittel neu belegt werden kann. Das ist in der Praxis nicht erreichbar. Gründe einer erfolglosen Belegung können sein:

- Durch einen Abriss des Zulaufs durch Störung oder aus strategischen Gründen (Batchbetrieb) befinden sich zeitweise keine einschleusungsbereiten Güter im Einschleusbereich.
- Durch sogenannte Rundläufer-Rezirkulation, die aus verschiedenen Gründen (Endstelle nicht frei oder gestört, keine zugeordnete Endstelle …) mehrmals über den Loop-Sorter kreisen und ein Tragmittel blockieren.
- Längere Güter benötigen zwei Tragmittel. Auch wenn genügend Tragmittel belegbar waren, verringert sich folglich die betriebliche Leistung (Durchsatz).

Durch mindestens einen weiteren Einschleusungsbereich kann die betriebliche Leistung auch gesteigert werden. Vorausgesetzt, die beiden Endstellenbereiche werden gleichmäßig bedient, ergibt sich die graphisch dargestellte Aufteilung des Materialflusses.

Im Beispiel ergibt sich bei einer Teilung der Tragelemente von 900 mm und einer Sortergeschwindigkeit von 1,5 m/s ein Systemdurchsatz von 6000 1/h.

Abb. 6.12b zeigt den Einfachsorter mit Diagonaleinschleusung. Auch in diesem Fall sei vorausgesetzt, dass die beiden Endstellenbereiche gleichmäßig belastet werden. Im Vergleich zur Darstellung Abb. 6.12a sind jedoch zwei Einschleusbereiche vorgesehen. Die entsprechende Sorterbelegung lässt sich aus der Graphik erkennen. Im Vergleich zur vorhergehenden Betrachtung des Sorters mit nur einem Einschleusbereich erhöht sich der theoretische betriebliche Durchsatz auf 133 % von 6000 auf 8000 1/h.

Die mit Hilfe der Diagonalanordnung der Einschleusbereiche erzielbare Leistungserhöhung ist abhängig vom Verhältnis der Aufteilung Endstellenbereich A zu Endstellenbereich B. Diese vorausgesetzte 50 : 50-Aufteilung kann nur als erster Annäherungswert betrachtet werden. Abb. 6.13 gibt, abhängig von der AB-Aufteilung, Aufschluss über die erzielbare Erhöhung des Durchsatzes.

Eine weitere Erhöhung lässt sich durch eine AB-Vorsortierung im Vorfeld der zentralen Sortiermaschine erreichen. Erneut unter der theoretischen Annahme einer 50 : 50-Aufteilung zwischen A und B lässt sich der theoretische Systemdurchsatz auf 12.000 1/h steigern (Abb. 6.12c).

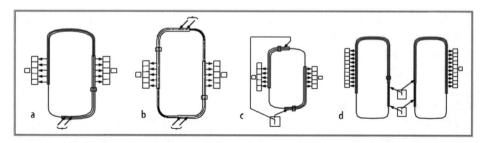

Abb. 6.12 Einfachsorter mit (**a**) Zentraleinschleusung (**b**) Diagonaleinschleusung (**c**) AB-Vorsortierung (**d**) Teilredundanz

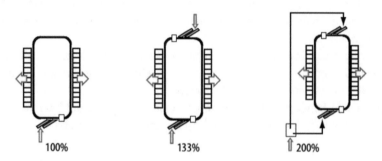

Abb. 6.13 Systemdurchsatz in Abhängigkeit von der Systemkonfiguration

Derartige Systeme lassen sich theoretisch weiter beliebig komplex gestalten. So hat das in Abb. 6.12d dargestellte System gegenüber dem Vorgenannten zwar den gleichen Systemdurchsatz, bietet jedoch den erheblichen Vorteil einer Teilredundanz.

Literatur

[Beu93]   Beumer, C.: Computerunterstützte Materialflußplanung für Warenverteilsysteme. Fortschr.-Ber. VDI, Reihe 13, Nr. 40. Düsseldorf: VDI-Verl. 1993

[Beu99]   Beumer, C.: Making energy fly – Quantensprünge im Materialfluss. VDI-Ber. Nr. 1481. Düsseldorf: VDI-Verl. 1999

[JtH12]   Jodin, D.; ten Hompel, M.: Sortier- und Verteilsysteme - Grundlagen, Aufbau, Berechnung und Realisierung. Berlin u.a.: Springer Vieweg, 2012

[JoF14]   Jodin, D.; Fritz, M.: Planungs- und Einsatzkriterien für Sortiersysteme Teil 1-3. In: F+H - Fördern und Heben, Heft 4; 5 und 6, 2014

[Hei14]   Heitplatz, H.: Kraftschlüssiges Antriebssystem macht Sorteranlage effizient. In MM MaschinenMarkt, Heft 23; 32 und 33, 2014

Weiterführende Literatur

Richtlinie VDI 3619 : Sortiersysteme für Stückgut (1983)
Richtlinie VDI 3619 : Sortier- und Verteilsysteme für Stückgut (2015)

Sachverzeichnis

© Springer-Verlag GmbH Deutschland, ein Teil von Springer Nature 2019   175
T. Schmidt (Hrsg.), *Innerbetriebliche Logistik*, Fachwissen Logistik,
https://doi.org/10.1007/978-3-662-57930-5

Printed in the United States
By Bookmasters